AF685180

Artisans et paysans du Yiddishland
The Tradesmen and Farmers of Yiddishland
בעל-מלאכהס און פויערים אינעם ייִדישלאַנד

1921-1938

Cet ouvrage est publié à l'occasion de l'exposition « Artisans et paysans du Yiddishland, 1921-1938 » présentée au musée d'art et d'histoire du Judaïsme du 1er février au 21 mai 2006

Commissariat de l'exposition *Emmanuelle Polack, Nicolas Feuillie*

Tirages photographiques *Alain Moïse Arbib*

Les photographies présentées dans cette exposition font partie de la collection d'archives photographiques de World ORT

The photographs in this exhibition form part of the World ORT Archive photographic collection

http://www.ort.org

Ouvrage réalisé sous la direction de Somogy éditions d'art

Conception graphique *Stéphane Cohen*

Fabrication *Michel Brousset, Mara Mariano, Henry Hua*

Contribution éditoriale (français) *Karine Forest*

Traduction en yiddish *Yohanna Touboul* et *Bernard Vaisbrot*

Contribution éditoriale (yiddish) *Bernard Vaisbrot*

Traduction en anglais, relecture et correction *Charles Penwarden*

Suivi éditorial *Isabelle Dartois*

ISBN 2-85056-862-7

Dépôt légal : janvier 2006

Imprimé en Italie (Union européenne)

© Somogy éditions d'art, Paris, 2006

© ORT France, Paris, 2006

© Musée d'art et d'histoire du Judaïsme, Paris, 2006

Artisans et paysans du Yiddishland

The Tradesmen and Farmers of Yiddishland

בעל-מלאכהס און פויערים אינעם ייִדישלאַנד

1921-1938

Sous la direction d'Emmanuelle Polack
Edited by Emmanuelle Polack

ORT FRANCE

SOMOGY
ÉDITIONS
D'ART

Activités de l'ORT en Europe centrale et orientale en 1923

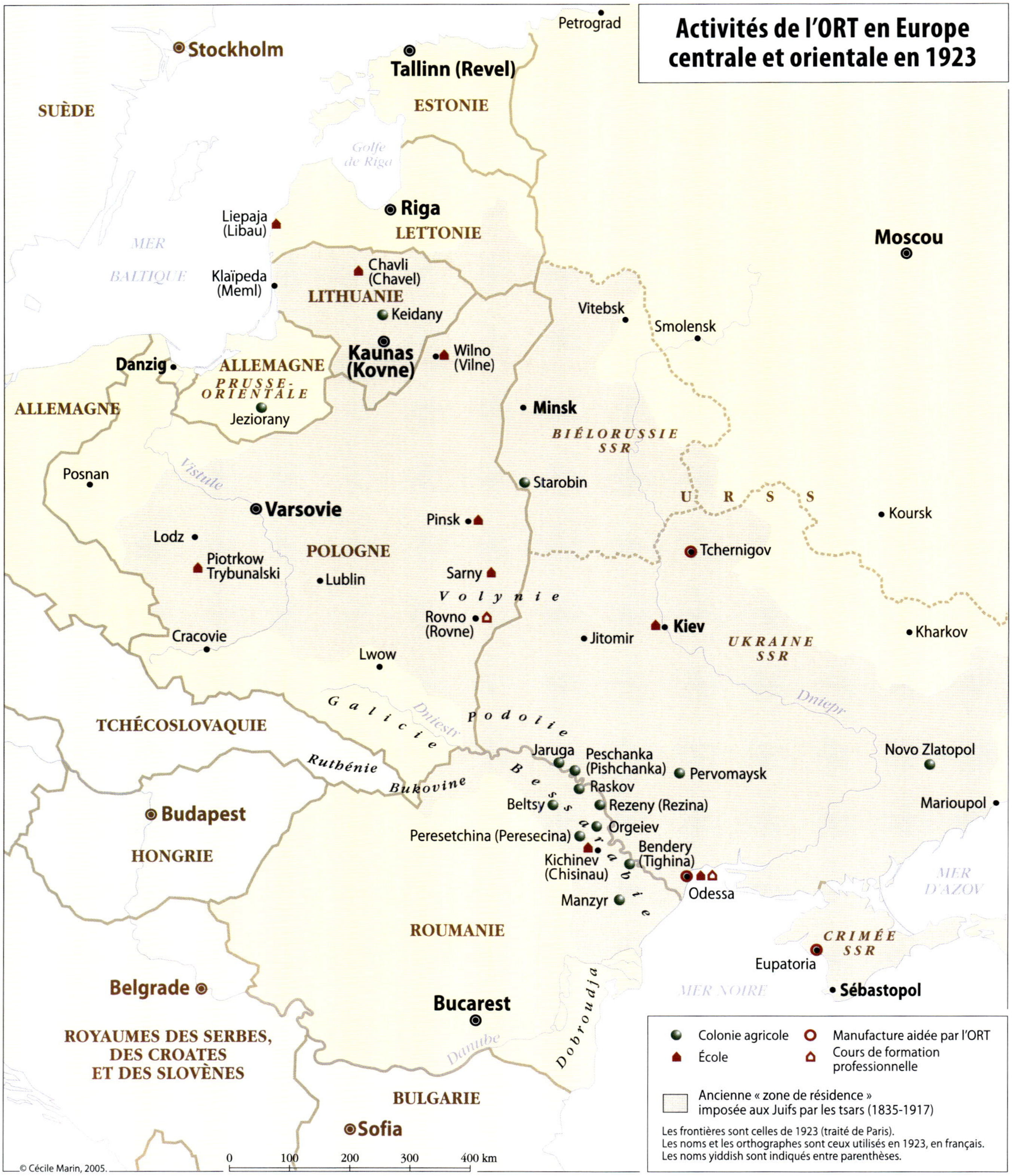

© Cécile Marin, 2005.

Sommaire

Contents

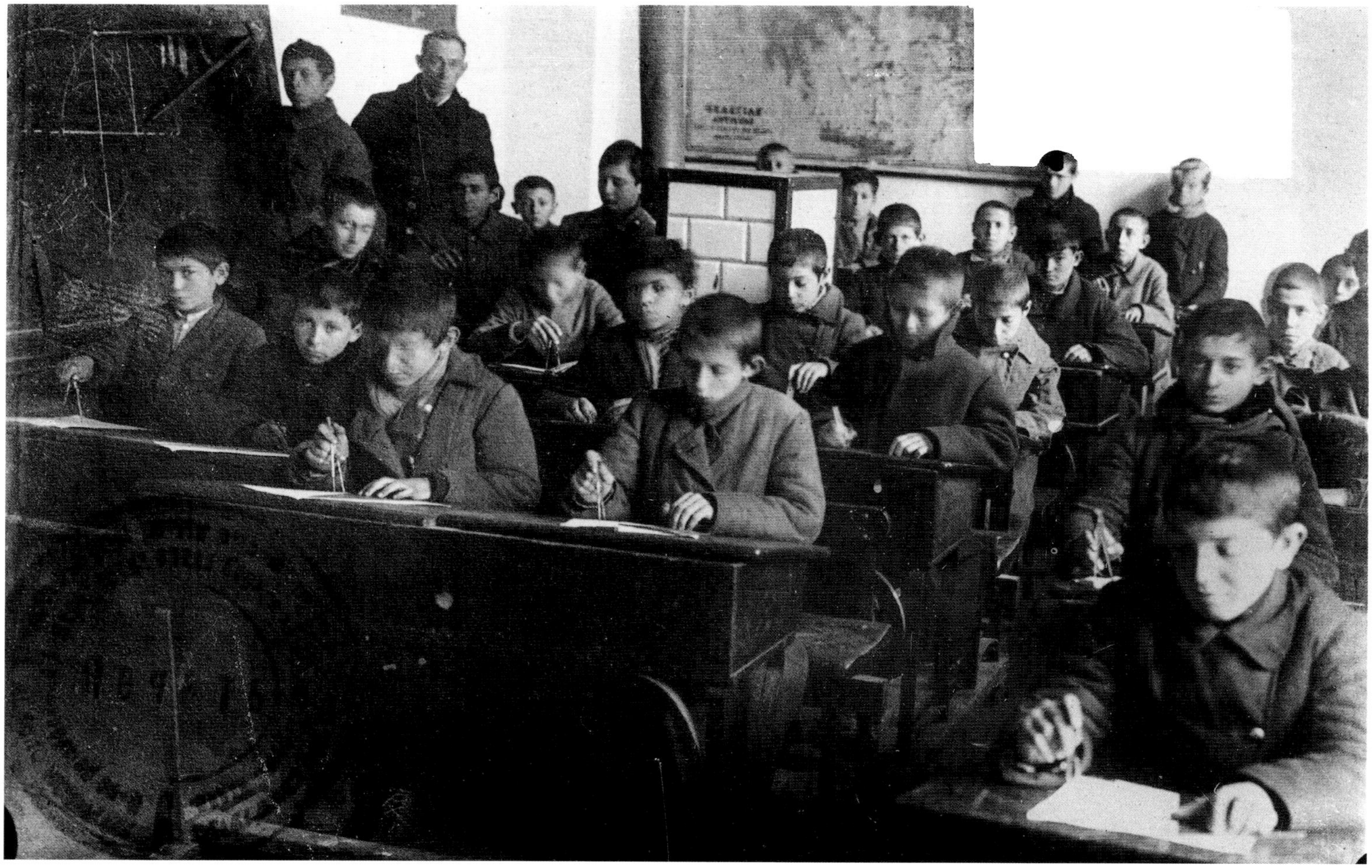

1

Cours de dessin, école technique professionnelle Metzel, Odessa, Ukraine, URSS

Drawing class, trade technical school, Metzel, Odessa, Ukraine, USSR

Serge Klarsfeld

Préface

Il y aura bientôt dix ans, avec l'accord de Marc Timsit, directeur général, j'ai exploré dans la cave de l'ORT France les archives de cette valeureuse institution fondée en 1880 en Russie. J'y ai découvert de nombreuses photographies non identifiées du siège central de l'ORT, c'est-à-dire des images de Juifs à l'étude ou au travail dans les classes ou ateliers ou les terres de l'ORT dans des pays variés au centre et à l'est de l'Europe et s'étalant en général sur la période 1900-1935, à une époque où l'ORT signifiait « Union des sociétés pour le développement du travail industriel, artisanal et agricole parmi les Juifs ». Sans oublier de lourdes boîtes de négatifs en verre. Personne en France ne pouvant les identifier, j'ai pris l'initiative de proposer de les apporter à New York au nouveau « musée de l'Héritage juif – un mémorial vivant de l'holocauste », inauguré en 1997 en présence d'une importante délégation de notre Association des Fils et Filles des Déportés Juifs de France. Ce mémorial s'élève à Battery Park, non loin de ce qui est devenu *Ground Zero* en 2001.

L'ORT ayant donné son accord, j'ai transporté à New York cette pesante et précieuse malle. Une fois les photos plus ou moins identifiées avec l'aide d'érudits du Yivo Institute, le Museum of Jewish Heritage a décidé d'en présenter dans sa rotonde, face à la statue de la Liberté, une série impressionnante de cinquante, significative de l'œuvre immense et bénéfique de l'ORT. J'ai pris la parole après M. Morgenthau, le procureur général de New York, leader de cet indispensable musée dans la plus grande cité juive au monde. J'ai souligné que l'ORT était et reste un des plus solides piliers de l'éducation juive dans le monde. J'ai insisté aussi sur le lien existant entre ces photos et la Shoah : beaucoup de ces enfants et de ces adultes qui apprennent ou travaillent courbés sur leurs cahiers ou sur leurs outils ou sur le sol ont été assassinés quelques années ou quelques décennies plus tard par les nazis allemands ou par la population locale. Ils n'avaient pu émigrer vers l'ouest à cause des quotas américains ou faire leur *alyah* dans une Palestine cadenassée par les Anglais. Les masses juives et les individus instruits par l'ORT et qui vivent et agissent sur ces photos ont été emportés par millions dans la tempête de la Shoah. Ces photos sont un témoignage irremplaçable et ô combien émouvant de la vie juive d'avant la Shoah.

L'exposition a été présentée à New York pendant quatre mois avant de l'être à la convention de l'ORT à Cleveland, puis dans d'autres villes américaines. Les originaux ont été restitués à l'Union mondiale de l'ORT à Londres.

Aujourd'hui, grâce à Emmanuelle Polack, une nouvelle exposition est présentée à Paris qui mêle aussi l'admiration pour l'œuvre de l'ORT et l'émotion de savoir quelle sera la fin tragique de ces hommes, de ces femmes, de ces adolescents, de ces enfants, concentrés sur l'étude et sur l'avenir.

Une pareille exposition est féconde : elle doit mobiliser celui qui la visite non seulement à soutenir l'effort incessant de l'ORT, si efficace en France, mais à défendre l'intégrité et la sécurité de tous les Juifs et de l'État juif.

Serge Klarsfeld

Preface

Nearly ten years ago, with the agreement of Marc Timsit, the General Director, I was in the cellars of ORT France, exploring the archives of that valorous institution founded in Russia in 1880. There I came across large numbers of photographs that had not been identified by ORT central headquarters. They were images of Jews studying or working in ORT classes or workshops or on land in various countries of central and eastern Europe, most of them from the period 1900-1935, at a time when ORT meant, “Organisation for the Distribution of Artisanal and Agricultural Skills among the Jews in Russia”. And there were heavy boxes of glass negatives. Since there was nobody in France who could identify them, I took the initiative of shipping them to New York to the new Museum of Jewish Heritage – A Living Memorial to the Holocaust, whose inauguration in 1997 had been attended by a large delegation from our Association of Sons and Daughters of Deported French Jews. This memorial stands in Battery Park, not far from what became *Ground Zero* in 2001.

So, with the agreement of ORT, I transported this heavy and precious trunk to New York. Once the photographs had been more or less thoroughly identified by learned members of the Yivo Institute, the Museum of Jewish Heritage decided to exhibit an impressive selection of fifty of them, representing the tremendous, beneficial work done by ORT, in its rotunda looking out onto the Statue of Liberty. Speaking after Robert M. Morgenthau, the chairman of this indispensable museum in the world’s biggest Jewish city, I emphasised the fact that ORT was and remains one of the strongest pillars of Jewish education in the world. I stressed the link between these photos and the Shoah: many of these children and adults learning or working here, hunched over their books or tools or on the land, were killed a few years or decades later by German Nazis or by the local population. They had been prevented from emigrating westwards because of American quotas, or had been unable to make aliyah in a Palestine sealed off by the British. The Jewish masses and the individuals instructed by ORT, the people we see living and active in these photos, were carried away in their millions by the tempest of the Shoah. These photographs are irreplaceable and deeply moving testimony to Jewish life before the Shoah.

The exhibition was shown in New York for four months and then at the ORT Convention in Cleveland, and after that in other American cities. The originals were returned to World ORT in London.

Today, thanks to Emmanuelle Polack, a new exhibition is being put on in Paris, in which admiration for the work done by ORT comes together with emotion at our knowledge of the tragic end awaiting these men, these women, these teenagers, these children that we see intent on their studies and their future.

Such an exhibition will bear fruit: it must mobilise those who visit it, not only to support the constant efforts of ORT, which is so effective in France, but also to defend the integrity and security of all Jews and of the Jewish State.

סערזש קלאַרספֿעלד

פֿאָרוואָרט

שוין באַלד צען יאָר וואָס ס'איז מיר געלונגען, מיטן הסכּם פֿונעם הויפּט-פֿאַרוואַלטער מאַרק טימסיט, אין די קעלערס פֿון דער אָ.ר.ט אין פֿראַנקרײַך, דעם אַרכיוו פֿון אָט דער ווערטפֿולער אינסטיטוציע, געגרינדעט געוואָרן אין רוסלאַנד אין יאָר 1880. דאָרטן האָב איך אַנטדעקט אַ גרויסע צאָל ניט-אידענטיפֿיצירטע פֿאָטאָגראַפֿיעס, וועלכע האָבן געשטאַמט פֿונעם הויפּט-אַנשטאַלט פֿון אָ.ר.ט, ד.ה. בילדער פֿון ייִדן אין אָ.ר.ט-שול, סײַ בײַ דער אַרבעט אין אַ וואַרשטאַט אָדער אין פֿעלדער וואָס האָבן געהערט צום אָרט.
און זיי האָבן געשטאַמט פֿון פֿאַרשיידענע לענדער פֿון צענטראַל- און מיזרח-אייראָפּע, בשעת דער תּקופֿה 1900-1935, אַ צײַט ווען "אָ.ר.ט" פֿלעגט באַדײַטן : "פֿאַרבאַנד פֿון געזעלשאַפֿטן פֿאַר דער אַנטוויקלונג פֿון ערד- , האַנדווערק- און אינדוסטריע-אַרבעט צווישן ייִדן". און צוזאַמען מיט די בילדער - שווערע שאַכטלען מיט גלעזערנע נעגאַטיוון.
ניט געפֿינענדיק אין פֿראַנקרײַך ווער עס זאָל מבֿינות זאָגן אויף זיי, האָב איך פֿירגעלייגט זיי צוצוברענגען צום נײַעם "מוזיי פֿון ייִדישער ירושה - לעבעדיקער מעמאָריאַל פֿונעם חורבן" אין מיו-יאָרק. דער דאָזיקער מעמאָריאַל, וועלכער איז דערעפֿנט געוואָרן אין 1997 אין דער אָוועזנהייט פֿון אַ באַדײַטנדיקער דעלעגאַציע פֿון אונדזער געזעלשאַפֿט (אַסאָציאַציע פֿון די זין און טעכטער פֿון ייִדן דעפּאָרטירטע פֿון פֿראַנקרײַך), געפֿינט זיך אין "באַטערי פּאַרק", ניט ווײַט פֿומעם אַזוי-גערופֿענעם Ground Zero-פּונקט לזכר דעם 11טן סעפּטעמבער 2001. וויבאַלד די אָ.ר.ט האָט מסכּים געווען, האָב איך צוגעפֿירט קיין ניו-יאָרק אָט דעם שווערן און ווערטפֿולן קאַסטן. נאָכדעם ווי ספּעציאַליסטן פֿון "ייִ.וו.אָ-אינסטיטוט" האָבן מער-וויייניקער מצליח געווען אין אידענטיפֿיצירן די פֿאָטאָגראַפֿיעס, האָט דער "Museum of Jewish Heritage" באַשטימט אויסצושטילן אין זײַן ראָטאָנדע, גלײַך קעגנאיבער דער פֿרײַהייט-סטאַטוע, אַן אײַנדרוקספֿולן אויסקלויב פֿון אַ פֿופֿצן שטיק, וואָס זאָל עדות זאָגן וועגן דעם ריזיקן און פּאָזיטיוון אויפֿטו פֿון דער אָ.ר.ט.
ה' מאָרגעמטאַו, גענעראַל-פּראָקוראָר פֿון ניו-יאָרק און אָנפֿירער פֿון אָט דעם מוזיי - וואָס האָט זיך געפֿאָדערט פֿאַר דער גרעסטער ייִדישער שטאָט אין דער וועלט - האָט מיר געגעבן דאָס וואָרט און דעמאָלט האָב איך באַטאָנט, אַז די אָ.ר.ט איז געווען און בלײַבט איינע פֿון די שטאַרקסטע זײַלן פֿון דער ייִדישער דערציִונג אין דער וועלט. כ'האָב אויך אונטערגעשטראָכן די פֿאַרבינדונג צווישן אָט די פֿאָטאָגראַפֿיעס און דעם דריטן חורבן : אַ סך פֿון די קינדער און דערוואַקסענע, וואָס מע זעט זיי אויף די בילדער לערננען זיך איבער זייערע העפֿטן צי אַרבעטן מיט זייערע וואַרשטאַט-מכשירים אָדער ערדאַרבעט-מאַשינען, זײַנען מסתּמא דערמאָרדעט געוואָרן אַ פּאָר יאָר (צי אַ פּאָר צענדליק יאָר) שפּעטער פֿון די דײַטשע נאַציס אָדער פֿון דער לאָקאַלער באַפֿעלקערונג. עמיגרירן קיין מערבֿ האָבן זיי ניט געקענט מחמת די אַמעריקאַנישע קוואָטעס, און ס'איז זיי אויך ניט געלונגען עולה צו זײַן קיין ארץ-ישׂראל, ווײַל די ענגלענדער האָבן געהאַט פֿאַר זיי פֿאַרשלאָסן פּאַלעסטינע. די גרופּעס און יחידים לערנענדיק זיך דאָ בײַ דער אָ.ר.ט, און וועלכע מע זעט לעבן און שאַפֿן אויף די בילדער, זײַנען אַוועק מיטן שטראָם צוזאַמען מיט די מיליאָנען ייִדן אין דעם שואה-שטורעם. דערפֿאַר שטעלן די דאָזיקע פֿאָטאָס מיט זיך פֿאָר אַן אומפֿאַרבײַטלכן און טיף-רירנדיקן עדות פֿונעם ייִדישן לעבן פֿון פֿאַרן חורבן.
אין ניו-יאָרק האָט מען געוויזן די אויסשטעלונג פֿיר חדשים לאַנג, איידער מע האָט זי אַריבערגעפֿירט אין קאָנוועגט פֿון אָ.ר.ט אין קליוולאַנד, ווי אין אַנדערע אַמעריקאַנישע שטעט. די אָריגינאַלן האָט מען צוריקגעקערט צום וועלט-פֿאַרבאַנד פון אָ.ר.ט אין לאָנדאָן. הײַנט צו טאָג ווערט אַ גאָר נײַע אויסשטעלונג פֿאָרגעשטעלט אין פּאַריז, און דאָס אַ דאַנק פֿרוי עמאַנועל פּאָלאַק. און מע באַקומט צוגלײַך ווען מע קוקט זיך אײַן אי באַוווּנדערונג פֿאַר דעם אויפֿטו פֿון דער אָ.ר.ט אי די אַנגסט צו וויסן וואָס װעט זײַן דער סוף פֿון אָט די מענער, פֿרויען, יוגנטלעכע און קינדער קאָנצענטרירט אין לערנען זיך לטובֿת דער צוקונפֿט.
אַזאַן אויסשטעלונג מוז זײַן אַ פֿרוכפּערדיקע : זי קען און דאַרף זײַן פֿעיִק צו מאָביליזירן דעם באַזוכער, ניט נאָר צו שטיצן דאָס כּסדרדיקע עקשנות פֿון דער אָ.ר.ט, אַזוי ווירדיק אין פֿראַנקרײַך, נאָר אויך צו העלפֿן פֿאַרפֿעסטיקן די זיכערקייט פֿון אַלע ייִדן אין דער וועלט און פֿון דער ייִדישער מדינה.

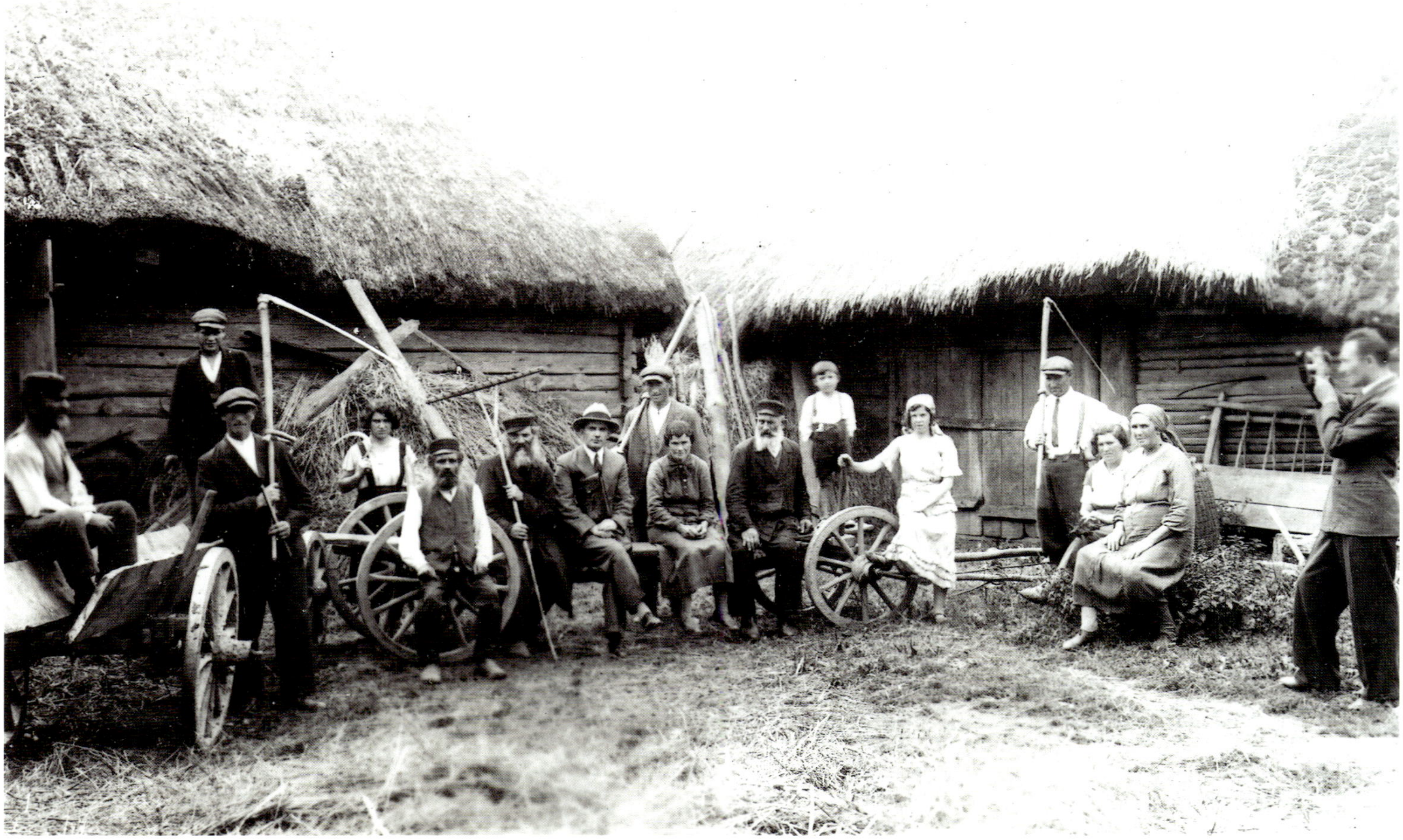

2

Scène d'une prise de vue de paysans

Photographer with peasants posing for the camera

Anne Grynberg

De la lecture des images photographiques

C'est d'abord comme de « belles images » qu'on regarde ces photographies issues du fonds de l'ORT et heureusement préservées ; le sens de l'esthétique et la nostalgie y trouvent immédiatement leur compte. Mais bien sûr, le principal intérêt est ailleurs et il faut s'interroger sur ce que ces clichés nous montrent et sur ce qu'ils veulent nous dire, ainsi que sur leur rapport au réel au-delà de l'impression de quotidien glorifié qui s'en dégage au premier regard – société harmonieuse, goût du travail bien fait, apport du progrès et de la modernité.

L'historien désireux de travailler sur des photographies avec la méthode critique dont il use pour les autres sources doit faire face à des difficultés méthodologiques spécifiques[1]. Et tel est bien le cas ici.

La première question qui se pose est évidemment celle de l'identification de chaque photographie : de quoi s'agit-il ? où ce cliché a-t-il été pris ? On se heurte ici au problème du légendage, qui dans de nombreux cas semblables s'est perdu au fur et à mesure des duplications successives. Rien de tel ici, car nous avons affaire à des tirages de première génération, dont certains portent même une courte légende. Souvent trop lapidaire, celle-ci permet cependant d'identifier un lieu, un type d'activité, un sujet. Reste la difficulté de la datation précise de chaque cliché, pourtant fondamentale, car les enjeux économiques et politiques de ces implantations agricoles juives n'étaient pas les mêmes avant et après l'instauration de la NEP en 1921, ni avant et après 1924 (année qui marque à la fois la création du KOMZET et de l'Agro-Joint, quelques mois après l'accord quinquennal entre le gouvernement soviétique et l'ORT) ; et ces colonies ont encore évolué, de manière souvent radicale et non sans brutalité dans bien des cas, à partir du début des années 1930 et de la politique de collectivisation des terres qui les a transformées en kolkhozes.

Alors que nous n'avons pour nous guider que de rares tampons ou signatures difficilement identifiables, il importerait également de connaître le nom du ou des photographe(s), leur expérience professionnelle, leur parcours personnel. Au-delà, il faudrait savoir quel est le « cahier des charges » qui a pu être remis à chacun d'entre eux – de la part de qui ? de l'ORT seule, ou également des autorités, soviétiques en particulier ? – et avoir quelques précisions sur les conditions de prise de vue, sous contrôle sans doute. Il faut donc sortir du champ strictement photographique pour replacer cette entreprise dans son contexte historique : celui de l'œuvre de « régénération » des Juifs soviétiques d'abord, mais également polonais et roumains, sous la double impulsion des gouvernements respectifs de ces pays et de diverses organisations juives de bienfaisance désireuses de sortir ces communautés de la misère. On ne saurait négliger, en ce qui concerne l'URSS, l'instrumentalisation de ces fermiers juifs pour contrôler des campagnes récalcitrantes – Ukraine et Crimée – tout en bénéficiant des indispensables subsides de l'Occident. Ni négliger l'hypothèse que les autorités roumaines aient souhaité montrer les efforts accomplis depuis l'émancipation des Juifs en décembre 1919 et augmenter leurs chances d'obtenir de l'aide des œuvres caritatives, notamment pour les cinq mille agriculteurs juifs de Bessarabie qui, aux termes de la réforme agraire de 1920-1923, ont reçu de l'État des parcelles de terre cultivable.

D'où la nécessité de se livrer à un travail de « déchiffrage ». Les photographies retenues par Emmanuelle Polack[2] sont, à l'évidence, posées et même le plus souvent composées, avec un cadrage soigné et un éclairage qui n'a rien de hasardeux. Même lorsqu'il s'agit de scènes de travail dans les champs ou d'apprentissage dans un atelier, elles n'ont pas été « prises sur le vif » et le regard de tous les protagonistes fixe l'objectif. Sans doute la petite fille photographiée au premier plan dans les vignes Grynberg a-t-elle revêtu pour l'occasion sa robe blanche[3] ? L'image du fermier fièrement assis au volant de son tracteur[4] constitue en soi une publicité, symbole d'une vraie réussite économique largement due à l'équipement fourni notamment par l'ORT ; elle évoque aussi pour l'historien ce qui fut, au début des années 1930, l'objet d'un véritable chantage des autorités soviétiques qui confisquèrent ces tracteurs à ceux qui répugnaient à la collectivisation forcée, et il serait donc particulièrement important de connaître la date et les conditions de cette prise de vue.

Ernest Lacan, directeur de la principale revue photographique publiée en français à la fin du XIXe siècle, *Le Moniteur de la photographie*, considérait les photographies comme des « documents irréfutables [...], dans lesquels les historiens futurs [...] pourront puiser[5] ». On a appris depuis qu'il ne faut pas se fier à cet « effet de réel », ni céder à l'illusion du « ça-a-été » selon l'expression de Roland Barthes[6]. Il faudrait, bien sûr, préciser la finalité des photographies de ce fonds de l'ORT – destinées à être présentées à qui ? où ? –, mais on peut raisonnablement penser qu'elles s'inscrivent dans un but de propagande, et plutôt deux fois qu'une. Car il faut convaincre d'éventuels donateurs en Europe occidentale et aux États-Unis du bien-fondé de l'entreprise, sans pour autant mécontenter les gouvernements concernés, les représentants de Moscou en particulier. Les positions des uns et des autres peuvent être communes : la volonté d'arracher les Juifs aux métiers considérés comme non productifs et liés au ghetto, pour contribuer à l'avènement d'un « nouveau Juif » physiquement vigoureux, se consacrant désormais au travail de la terre et aux métiers qualifiés pour lesquels il a suivi une formation professionnelle. En revanche, il peut y avoir dissension en ce qui concerne la définition de l'identité juive et le rapport à la tradition, vivement combattue par les nouvelles autorités. Est-ce dans ce contexte qu'il faut comprendre ce surprenant cliché – qui se situe cependant en dehors du territoire soviétique – légendé en yiddish « Colonie juive de Manzyr, Bessarabie, un samedi midi dans une famille de colons »[7] ? La table couverte d'une nappe blanche est dressée dehors et on n'y aperçoit pas le moindre chandelier, aucun homme ne paraît porter de kippa. Quant au fait de se laisser photographier un *shabbat*, il laisse à penser que l'observance religieuse a été abandonnée... Pourtant, la référence à ce jour essentiel dans le temps juif apparaît explicitement, celui-ci est selon toute vraisemblance chômé à Manzyr et chacun s'est habillé avec soin. Il serait intéressant aussi de se livrer à un examen minutieux des « signes extérieurs » des uns et des autres : cultivateurs d'âge mûr à Yzbehshto (Bessarabie), barbus à casquette, femmes des vignes de Yaruga (Ukraine) portant le fichu traditionnel, adolescents tête découverte à l'école professionnelle d'Odessa, jeunes femmes aux bras nus dans la fabrique de bas. Quelle(s) identité(s) se dessine(nt) à travers ces diversités vestimentaires ? Quelles différences peut-on établir entre les régions, entre les régimes ?

Au fur et à mesure qu'on tente de décrypter scientifiquement ces photographies, en grande partie fabriquées certainement, on est aussi saisi par l'émotion. Quelles pensées animaient ces femmes et ces hommes que l'on photographiait pour vanter une idéologie qui leur était au moins en partie imposée et un mode de vie qui avait pour principal avantage de leur permettre simplement de survivre, même difficilement ? À quel moment et dans quelles conditions l'espoir a-t-il fait place à la désillusion ? Et que sont devenus ces gens ? Qui parmi eux a tenté l'aventure du Birobidjan ? Qui a réussi à émigrer et vers quelle destination ? Qui a été victime de la grande famine de 1932 qui a si durement frappé l'Ukraine ? Qui a été englouti dans les purges staliniennes ? Qui a été assassiné pendant la Shoah ? « Aimer une photo, écrit Arlette Farge, c'est avoir de l'intimité avec ce qui s'est séparé en éclaboussant le temps, là où tous les ciels se reflètent. Imperturbablement, le passé vibre encore, gifle, griffe ou caresse. En tout cas il fait empreinte. L'empreinte n'est pas douceur ; elle évoque ce qui se rompt ou encore ce qui n'est pas là, rêve ou manque, et ce qui fut affrontement délibéré entre les êtres et les mondes. Ainsi est-ce toujours au désir, à la révolte ou à la perte que renvoie la photo, et cela sans répit : le désir de la durée, la révolte de voir celle-ci cassée, la perte de ce qui est devenu souvenir[8]. »

1. On se reportera avec profit à l'article d'Ilsen About et Clément Chéroux, « L'histoire par la photographie », in *Études photographiques*, n° 10, novembre 2001, pp. 8-33.
2. Les autres photographies de l'ORT qui ont été déposées au Museum of Jewish Heritage de New York à l'initiative de Serge Klarsfeld sont pour la plupart des images de ce type, mais on y trouve aussi des clichés plus flous, pris de loin, mal cadrés, sans doute dus à des non-professionnels.
3. *Cf.* n° 5.
4. *Cf.* n° 50.
5. In *Le Moniteur de la photographie*, 1er août 1871. Cité par Quentin Bajac, « Les artilleurs du collodion », in *La Commune photographiée*. Catalogue de l'exposition présentée au musée d'Orsay du 14 mars au 11 juin 2000, Paris, éd. de la RMN, 2000, pp. 11-12.
6. Roland Barthes, *La Chambre claire*, Paris, Gallimard/Seuil, 1980, p. 120.
7. *Cf.* n° 3.
8. Arlette Farge, *La Chambre à deux lits et le cordonnier de Tel-Aviv*, Paris, Seuil, 2000, p. 151.

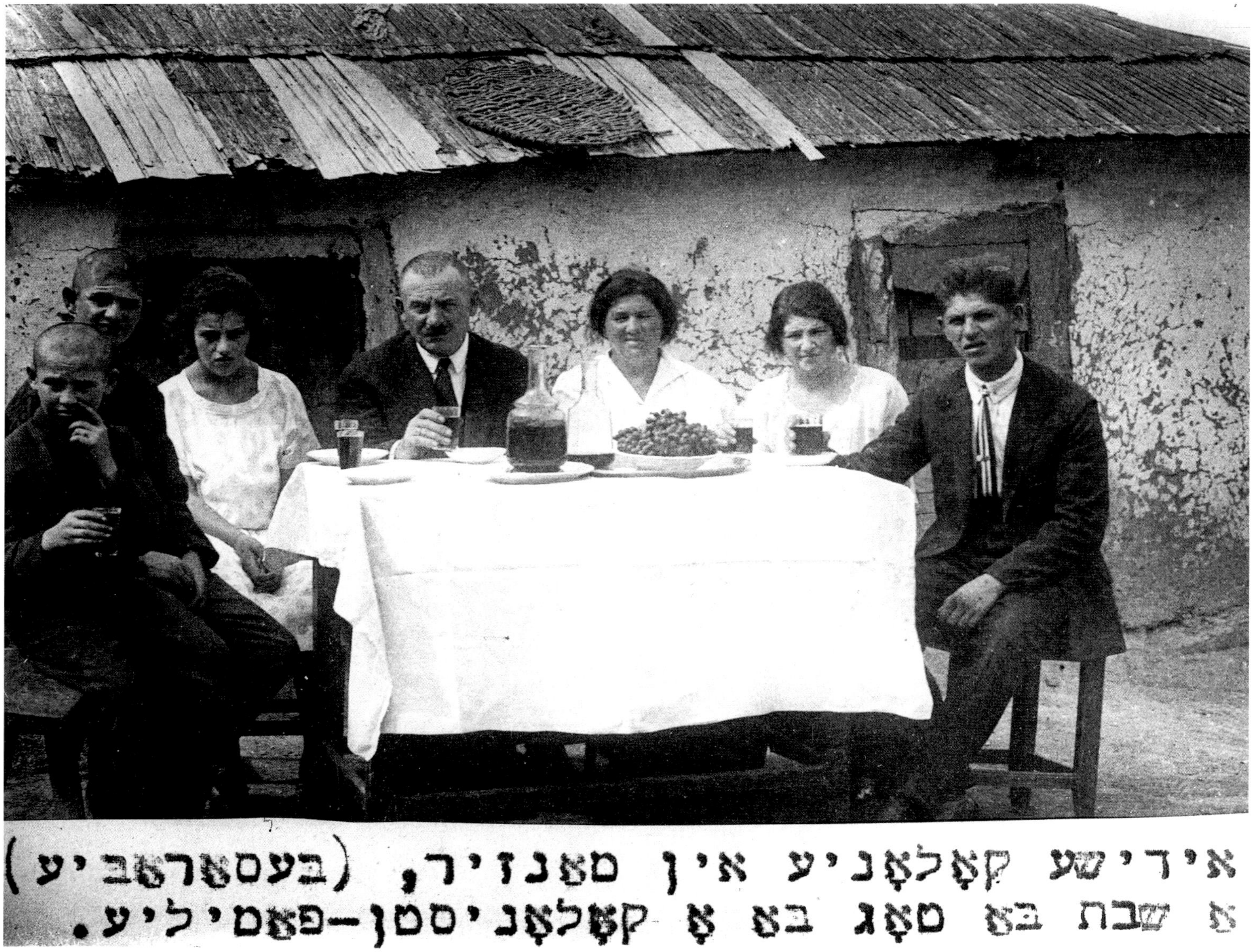

3

« Colonie juive à Manzyr, Bessarabie. Un samedi midi dans une famille de colons », Manzyr, Bessarabie, Roumanie

"Jewish colony at Manzyr, Bessarabia. A Saturday meal in a colonist family", Manzyr, Bessarabia, Romania

Anne Grynberg

On Reading Photographic Images

At first, we enjoy these fortunately preserved photographs from the ORT archives as appealing images: they offer immediate satisfaction for our aesthetic sense and nostalgia. But of course, their main interest lies elsewhere, and we must ask ourselves what it is that they show and what they are trying to tell us, and also how they relate to the reality. We need to look beyond the glorification of everyday life – a harmonious society, diligence and industriousness, the benefits of progress and modernity – that we see at first glance. Historians wishing to approach photographs with the kind of critical outlook that they bring to their other sources must deal with specific methodological difficulties.[1] Especially in a case such as this.

The first question, obviously, is how we identify each photograph: What is going on? Where was it taken? In many similar instances, we come up against the problem of captions, which often get lost in the course of successive duplications. These, however, are first-generation photographs, and some of them bear short inscriptions. While often too lapidary, the words do however enable us to identify a place, a kind of activity, a subject. That leaves the difficulty of precisely dating each photo, which is crucial, for the economic and political stakes of these Jewish agricultural settlements were not the same before and after the institution of the NEP in 1921, nor before and after 1924 (the year when the KOMZET and Agro-Joint were both set up, a few months after the five-year agreement between the Soviet government and ORT); and they evolved yet further, often radically and in many cases brutally, in the 1930s, when the policy of collectivisation transformed them into kolkhozes.

And while all we have to guide us is the occasional stamp or hard-to-identify signature, we would also need to know the names of the photographers, their professional experience and career. In addition, we would want to know about the "remit" that they each had – from whom? From ORT alone or also from the authorities, especially the Soviets? – and to know a few details about the conditions in which the photos were taken (under supervision, no doubt). It is thus necessary to go beyond the strictly photographic field and consider this undertaking in its historical context: that of the enterprise of the "regeneration" of the Jews – Soviet Jews to begin with, but also Jews in Poland and Romania – under the twofold aegis of the countries' respective governments and the various Jewish philanthropic associations working to lift those communities out of poverty. Nor, where the USSR is concerned, can we overlook the instrumentalisation of these Jewish farmers, who were used as a tool for bringing rebellious rural zones under control, especially in the Ukraine and Crimea, and of attracting vital subsidies from the West. And we cannot overlook the hypothesis that the Romanian authorities were concerned to demonstrate the efforts made since the emancipation of the Jews in December 1919, and thus to increase their chance of obtaining charitable aid, notably for the five thousand Jewish farmers in Bessarabia who, as a result of the agricultural reforms of 1920-23, were given plots of arable land.

So there is a need to do a bit of "deciphering". The photographs selected by Emmanuelle Polack[2] were quite clearly posed, and in most cases even composed. They were carefully framed and the lighting is very deliberate. Not even the scenes showing labour in the fields or apprentices in a workshop were taken spontaneously; no, the subjects are all looking at the camera. Surely, that little girl standing in front of the vines put on her white dress specially for the photograph?[3] The image of the farmer sitting proudly at the wheel of his tractor[4] makes a perfect advertisement, as the symbol of true economic success achieved in large part thanks to the equipment provided, notably, by ORT. For the historian, it also recalls what was, at the turn of the 1930s, a form of real blackmail practised by the Soviet authorities, who confiscated the tractors of those who rejected forced collectivisation. That is why it is particularly important to know when and in what conditions this photo was taken.

Ernest Lacan, the editor of France's leading photography review at the end of the 19th century, *Le Moniteur de la photographie*, considered photographs as "irrefutable documents [...], to which the historians of the future [...] will be able to refer."[5] We have since learnt to mistrust that "reality effect" and to resist the illusion of what Roland Barthes called "that-has-been".[6] We would of course need to specify the purpose of these photographs from this ORT collection – to whom were they to be shown, and where? – but it is reasonable to assume that they were made for propaganda purposes, and of two kinds: for while possible donors in western Europe and the United States had to be persuaded of the value of the undertaking, it was also essential not to upset the governments concerned, and particularly the representatives in Moscow. Certainly, the two sides sometimes shared the same goal: to get Jews away form the so-called non-productive activities bound up with the ghetto, and to encourage the emergence of a physically vigorous "new Jew" who would work the land or engage in the qualified trades for which he had been trained. However, there might be disagreement over the definition of Jewish identity and the relation to tradition, which was vigorously fought by the new authorities. Although the photo was taken outside Soviet borders, could this be the context that would shed light on the surprising image labelled in Yiddish: "Jewish colony at Manzyr, Bessarabia. A Saturday meal in a colonist family"?[7] For the table, covered with a white cloth, has been set up outside, and there is not the slightest sign of a candlestick or of a man with a kippa. As for the fact of allowing oneself to be photographed on the Sabbath, it tends to suggest that religious practice has been abandoned. And yet there is the explicit reference to that essential day in the Jewish week; it seems very likely that the Sabbath was a holiday in Manzyr, and everyone has dressed with care. It would also be interesting to make a detailed analysis of appearances, from the bearded, cap-wearing older farmers at Yzbehshto (Bessarabia), to the women in the vines at Yaruga (Ukraine) in their traditional headscarves and the bare-headed teenagers at the trade school in Odessa or bare-armed young women in the stocking factory. What identity(ies) can we make out behind this sartorial diversity? What differences can we establish between the various regions and regimes?

And, as we proceed with our attempt to methodically decipher these photographs, most of them certainly posed, the emotions well up. What were their thoughts, these women and men who were photographed to promote an ideology that was at least partially imposed on them, and a way of life whose main advantage was to enable them to simply survive, however great the hardship? When, and in what conditions did hope give way to disillusion? And what became of these people? Which of them tried the adventure at Birobidjan? Who managed to emigrate, and where to? Who died in the great famine that hit the Ukraine so hard in 1932? Who disappeared in the Stalinist purges? Who was killed in the Shoah? "To love a photograph is to be intimate with that which became separate and splashed time, there where all skies are reflected. Imperturbably, the past vibrates still, slaps, scratches or caresses. It leaves its mark. This mark is not gentleness; it evokes that which breaks or what is there, a dream or lack, and what was a deliberate clash between beings and worlds. And so it is that a photograph always sends us back to desire, to revolt or to loss, without respite: the desire for duration, revolt when this is broken off, and the loss of what has become a memory."[8]

1. For these, readers may refer to the article by Ilsen About and Clément Chéroux, "L'histoire par la photographie", *Études photographiques*, no. 10, November 2001, pp. 8-33.
2. Most of the other ORT photographs, on permanent loan at the Museum of Jewish Heritage in New York at the initiative of Serge Klarsfeld, are images of this kind, but one also finds more blurred photos that were taken from a distance and poorly framed. These were presumably taken by amateurs.
3. *Cf.* no. 5.
4. *Cf.* no. 50.
5. In *Le Moniteur de la photographie*, 1 August 1871. Quoted by Quentin Bajac, "Les artilleurs du collodion", *La Commune photographiée*. Catalogue of the exhibition at the Musée d'Orsay, 4 March – 11 June 2000, Paris: RMN, 2000, pp. 11-12.
6. Roland Barthes, *La Chambre claire*, Paris: Gallimard/Seuil, 1980. Translation (Richard Howard): *Camera Lucida*, New York: Farrar, Strauss, Giroux, 1981, p. 113.
7. *Cf.* no. 3.
8. Arlette Farge, *La Chambre à deux lits et le cordonnier de Tel-Aviv*, Paris: Seuil, 2000, p. 151.

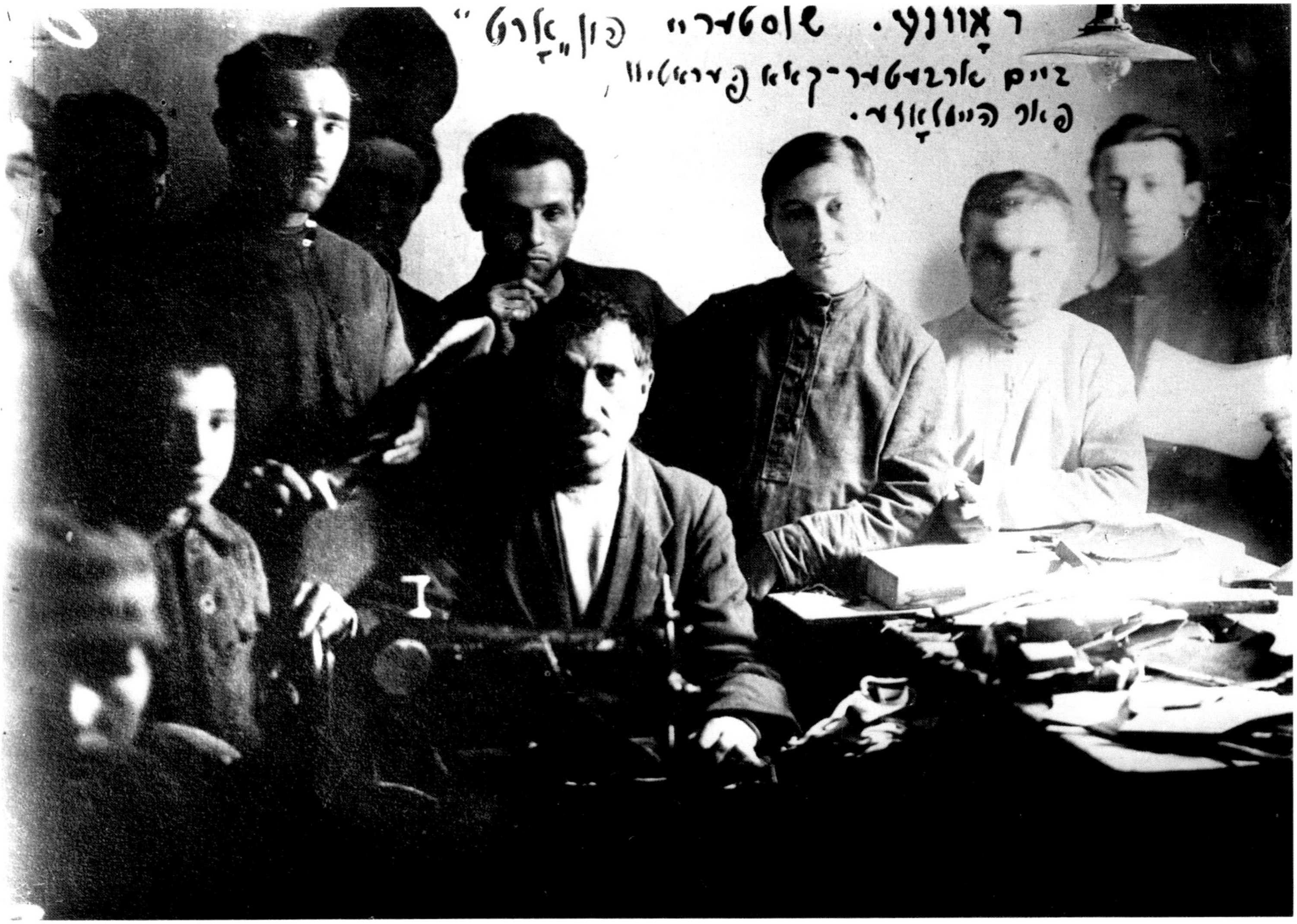

4

« Rovne, atelier de cordonnerie de l'ORT, coopérative de travail », Rovno, Volhynie, Pologne

"Rovne, ORT shoemaking workshop, workers' cooperative", Rovno, Volhynia, Poland

האָט געהאַלטן די פֿאָטאָגראַפֿיעס פֿאַר „אומאָפּפֿרעגלעכע דאָקומענטן (...) ווו דער קומענדיקער דור פֿון היסטאָריקערס (...) וועט קענען שעפּן[5].“ אָבער מיר האָבן געלערנט זיך נישט צו געטרויען צו אָט דעם „ רעאַליטעט עפֿעקט“ און נישט נאָכצוגעבן דער אילוזיע פֿונעם „ עס איז געווען אַזוי “, לויט דעם אויסדרוק פֿון ראָלאַן באַרט[6].

עס וואָלט אויך געווען וויכטיק צו פּרעציזירן דעם ציל פֿון די אָ.ר.ט פֿאָטאָגראַפֿיעס : פֿאַר וועמען זענען זיי געווען געמאַכט ? ווו ? מסתּמא זענען זיי געווען טייל פֿון אַ פּראָפּאַגאַנדע-קאַמפּאַניע : מע האָט געדאַרפֿט איבערצייַגן עוונטועלע געבערס אין מערבֿ-אייראָפּע און אין אַמעריקע פֿון דער באַגרינדונג פֿון דעם פּראָיעקט אָן צו דערכּעסן די פֿאַרשיידענע ממשלות, מאָסקווע בפֿרט. די שטאַנדפּונקטן פֿון דעם און יענעם צד מעגן זייַן שותּפֿותדיק : דער ווילן צו דערווייַטערן די יידן אין די „נישט-פּראָדוקטיווע“ מלאכות פֿון געטאָ כּדי צו שאַפֿן אַ „נייַעם ייד“, אַ שטאַרקן, וואָס זאָל זייַן אויף להבא אַן ערדאַרבעטער אָדער אַ קוואַליפֿיצירטער בעל–מלאכה. אָבער זייער דעפֿיניציע פֿון דער יידישער אידענטיטעט, וואָס שייַך דער יידישער טראַדיציע – וואָס די סאָוועטישע ממשלה האָט זי שטאַרק באַקעמפֿט – מעג זייַן אַנדערש. ווי אַזוי וואָלט מען געקענט פֿאַרשטיין די חידושדיקע פֿאָטאָגראַפֿיע – פֿונדעסטוועגן מחוץ דעם סאָוועטישן שטח – מיט דער דערקלערונג אויף יידיש „יידישע קאָלאָניע אין מאַנזיר, בעסאַראַביע, שבת בייַ טאָג[7]“? אַ טיש מיט אַ ווייַס טישטעך שטייט אינדרויסן. עס איז ניטאָ קיין שום ליכט און די מענער טראָגן נישט קיין יאַרמולקע. אַפּנים האָט מען אויפֿגעגעבן די רעליגיעזע אָפּהיטונג: די פֿאָטאָגראַפֿיע איז געמאַכט געוואָרן שבת... פֿונדעסטוועגן אַרבעט אין מאַנזיר קיינער נישט אום שבת און אַלע פֿאָטאָגראַפֿירטע זענען אָנגעטאָן אין שבתדיקע מלבושים.

עס וואָלט אויך געווען אינטערעסאַנט אייַנצוקוקן זיך אין די „אויסערלעכע סימנים“ פֿון די אַלע פֿאָטאָגראַפֿירטע : אַלטע ערדאַרבעטערס אין איזבעשטי (בעסאַראַביע), באַוואַקסענע מאַנסלייט מיט אַ קאַשקעטל, ווייַבער מיט דעם טראַדיציאָנעלן טיכל מיטן ווייַנגערטנער אין יאַרוגאַ (אוקראַינע), באָרהייפּטיקע בחורים לערנענדיק זיך אין דער פּראָפֿעסיאָנעלער שול פֿון אָדעס, יונגע ווייַבער מיט בלויזע אָרעמס אין אַ זאָקן–פֿאַבריק. וואָס ווייַזן אונדז די אַלע פֿאַרשיידענע מלבושים וועגן דער אידענטיטעט פֿון די אַלע מענטשן ? וואָסערע אונטערשיידן קען מען זען צווישן די אַלע פֿאַרשיידענע געגנטן און ממשלות ?

נאָר ווי באַלד מע פּרוווט אַנאַליזירן, אין אַ וויסנשאַפֿטלעכן אופֿן, די דאָזיקע פֿאָטאָגראַפֿיעס, וואָס רובֿ פֿון זיי זענען פּאָזירט, איז מען אָנגענומען בייַם האַרצן. וואָס האָבן געטראַכט אָט די מענער און ווייַבער וועגן דעם וואָס מע האָט זיי פֿאָטאָגראַפֿירט אין נאָמען פֿון אַן אידעאָלאָגיע (וואָס מע האָט זי אויף זיי טיילווייַז אַרויפֿגעלייגט) און אין נאָמען פֿון אַ לעבן וואָס דער עיקרדיקער נוץ זייַנער איז געווען זיי צו דערלויבן קוים איבערצולעבן ? ווען און ווו איז די „דיסאילוזיאָנירונג“ איבערגעביטן געוואָרן אויף האָפֿנונג? וואָס זענען געוואָרן די אַלע מענטשן ? ווער פֿון זיי איז געפֿאָרן קיין בּיראָבּידזשאַן ? ווער פֿון זיי איז מצליח געווען צו עמיגרירן ? וווהין ? ווער פֿון זיי איז אומגעקומען אינעם גרויסן הונגער פֿון 1922 אין אוקראַינע ? ווער פֿון זיי איז געוואָרן דערמאָרדעט בעת דער שואה ? ווער פֿון זיי איז אומגעקומען אונטער דעם רעזשים פֿון סטאַלין ?

„ליב האָבן אַ פֿאָטאָגראַפֿיע“, אַזוי שרייַבט אַרלעט פֿאַרזש, „איז : זייַן אינטים מיט דעם וואָס איז פֿאַרגאַנגען, דאָרטן ווו אָפּשפּיגלען זיך אַלע הימלען. דאָס פֿאַרגאַנגענע וויברירט, דראַפּעט, גיט אַ פּאַטש צי אַ גלעט . אויף יעדן פֿאַל פֿאָרבלייַבט אַ שפּור פֿון אים, נישט קיין זיסער, נאָר דער שפּור דערמאָנט אין דעם וואָס איז נישטאָ, חלום צי פֿאַרפֿעלונג פֿון דעם וואָס איז געווען אַ באַקלערטער קאַמף צווישן מענטשן און וועלטן. די פֿאָטאָגראַפֿיע דערמאָנט תּמיד אין פֿאַרלאַנג, רעוואָלט אָדער אבֿדה : דער פֿאַרלאַנג נאָך קאָנטינויטעט, דער רעוואָלט קעגן אָט דער צעבראָכענער קאָנטינויטעט און די אבֿדה פֿון דעם וואָס איז געוואָרן אַ זכר[8].“

1. זע דעם אַרטיקל פֿון Clément Chéreau און Ilsen Abott
‚L'histoire par la photographie“‚Etudes photographiques
נאָוועמבער 2001, ז' 8–33 .

2. יענע אָ.ר.- פֿאָטאָגראַפֿיעס וואָס סערזש קלאַרספֿעלד האָט זיי איבערגעגעבן דעם Museum of Jewish Heritage אין ניו–יאָרק, זענען ענלעכע פֿאָטאָגראַפֿיעס, נאָר מע געפֿינט צווישן זיי אַ פּאָר אַמאַטאָר-פֿאָטאָגראַפֿיעס, וואָס זענען אומקלאָר און פֿאָטאָגראַפֿירט פֿון דער ווייַטנס.

3. זע n° 5

4. זע ז' n° 50

5. אין „ Le Moniteur de la Photographie “ פֿונעם 1 אויגוסט 1871 , ציטירט פֿון קאַנטין באַזשאַק, „Les artilleurs du collodion“, אין La Commune photographiée , קאַטאַלאָג פֿון דער אויסשטעלונג אינעם אָרסיי מוזיי, פּאַריז, 11 מערץ – 14 יוני 2000, RMN פֿאַרלאַג, ז' 11–12.

6. Roland Barthes, «La chambre claire», Paris, Gallimard/Seuil, 1980, pp.120

7. זע ז' n° 3

8. Arlette Farges, «La chambre à deux lits et le cordonnier de Tel Aviv», Paris, Seuil 2000, p. 15

אַן גרינבערג

פֿאָטאָגראַפֿיעס דעשיפֿרירן

פֿאָטאָגראַפֿיעס דעשיפֿרירןדי פֿאָטאָגראַפֿיעס וואָס די אָ.ר.ט-אַרכיוון האָבן זיי צום גליק אויפֿגעהיט זענען קודם-כּל ״שיינע בילדער״, וואָס געבן איבער אַ בעקעניש און אַ געפֿיל פֿון נאָסטאַלגיע. אָבער אַוודאי איז דער הויפּט-אינטערעס אַן אַנדערער : וואָס ווײַזן אונדז אָט די פֿאָטאָגראַפֿיעס ? וואָס דערציילן זיי אונדז ? וואָסערע ווירקלעכקייט ווײַזן זיי, מחוץ פֿון דעם געפֿיל פֿון פֿאַרפֿראַכטיקונג פֿונעם טאָגטעגלעכן לעבן וואָס מע שפּירט אים אויפֿן ערשטן בליק : אַן האַרמאָנישע געזעלשאַפֿט וואָס שאַצט אַרבעט און פּראָגרעס.

דער היסטאָריקער וואָס וויל פֿאָטאָגראַפֿיעס פֿאָרשן מיט דער זעלביקער קריטישער מעטאָדע מיט וואָסערער ער שטודירט אַנדערע מקורים, איז קאָנפֿראָנטירט מיט ספּעציפֿישע מעטאָדאָלאָגישע פּראָבלעמען[1]. קודם–כּל די פּראָבלעם פֿון דער אידענטיפֿיצירונג פֿון יעדע פֿאָטאָגראַפֿיע : וואָס ווײַזט זי ? זייער אָפֿט, אין ענלעכע פֿאַלן, האָט מען פֿאַרלוירן די פֿאָטאָגראַפֿיע- דערקלערונג מחמת די נאָכאַנאַנדיקע רעפּראָדוקציעס. נאָר די אָ.ר.ט פֿאָטאָגראַפֿיעס זענען נישט קיין רעפּראָדוקציעס און מע לייענט אויף עטלעכע פֿון זיי אַ קורצע דערקלערונג, אַ דאַנק וואָסערער עס איז מעגלעך צו אידענטיפֿיצירן אַן אָרט, אַן אַקטיוויטעט, אַ פּאַרשוין. אָבער עס איז זייער אָפֿט נישט מעגלעך צו דאַטירן יעדע פֿאָטאָגראַפֿיע ; פֿונדעסטוועגן זענען עקזאַקטע דאַטעס פֿונדאַמענטאַל, ווײַל די פּאָליטישע און עקאָנאָמישע לאַגע פֿון די ייִדישע לאַנדווירטשאַפֿטלעכע קאָלאָניעס איז נישט געווען די זעלביקע פֿאַר און נאָך דער גרינדונג פֿון דער נ.ע.פּ אין 1921, פֿאַר און נאָך 1924 (גרינדונג פֿון די ״קאָמזעט״ און ״אַגראָדזשוינט״ אָרגאַניזאַציעס, אַ פּאָר חדשים נאָך דעם פֿינאַנציעלן הסכּם צווישן דער סאָוועטישער ממשלה און דער אָ.ר.ט אָרגאַניזאַציע). אָנהייב פֿון די 30 יאָרן, האָבן זיך די ייִדישע קאָלאָניעס איבערגעאַנדערשט אין אַ ראַדיקאַלן און זייער אָפֿט ברוטאַלן אופֿן, צוליב דער ערדקאָלעקטיוויזירונג פּאָליטיק : זיי זענען געוואָרן קאָלכאָזן.

מע געפֿינט אַן אונטערשריפֿט אָדער אַ שטעמפּל אויף אַ פּאָר פֿון די דאָזיקע פֿאָטאָגראַפֿיעס, נאָר זיי זענען אָפֿט מאָל שווער צו לייענען. עס וואָלט געווען וויכטיק און אינטערעסאַנט צו קענען דעם נאָמען פֿון דעם פֿאָטאָגראַף צי פֿון די פֿאָטאָגראַפֿן, צו וויסן עפּעס וועגן זייער פּראָפֿעסיאָנעלן פּראָיעקט און וועגן זייער לעבן. אַחוץ דעם וואָלט אויך געווען אינטערעסאַנט צו וויסן וואָס איז געווען זייער מיסיע און זייער צוועק. ווער האָט זיי געגעבן אָט די מיסיע ? די אָ.ר.ט אָרגאַניזאַציע ? די סאָוועטישע ממשלה ? אַוודאי האָבן די פֿאָטאָגראַפֿן געאַרבעט אונטער דעם קאָנטראָל פֿון דעם צי יענעם צד.

מע מוז אַזוי צוריקשטעלן די פֿאָטאָגראַפֿיעס אין זייער היסטאָרישן קאָנטעקסט: די „רעגענערירונג“ פֿון די סאָוועטישע, פּוילישע און רומענישע ייִדן, אונטער דעם טאָפּעלן אימפּולס פֿון די ממשלות פֿון יענע לענדער און פֿון פֿאַרשיידענע ייִדישע צדקה-אָרגאַניזאַציעס, וואָס האָבן געוואָלט באַקעמפֿן די ייִדישע אָרעמקייט.

אין פֿסס׳ר האָט די סאָוועטישע ממשלה באַניצט די ייִדישע פּויערים צו קאָנטראָלירן ווידערשפּעניקע געגנטן אין אוקראַינע און אין קרימע און צו באַקומען די נייטיקע געלטער פֿון מערבֿ. אין רומעניע, האָט די ממשלה געוואָלט ווײַזן אירע באַמיונגען זינט דער ייִדישער עמאַנציפּאַציע אין דעצעמבער 1919, כּדי צו העכערן אירע שאַנסן צו באַקומען אַ פֿינאַנציעלן שטיץ פֿין די צדקה-אָרגאַניזאַציעס פֿאַר די 5000 ייִדישע ערדאַרבעטערס אין בעסאַראַביע, וואָס האָבן באַקומען פּאַרצעלן אַקערערד בשעת דער אַגראַר רעפֿאָרעם פֿון 1920–1923.

אַזוי דאַרף מען די פֿאָטאָגראַפֿיעס, וואָס האָט זיי אויסגעקליבן עמאַנועל פֿאָלאַק, דעשיפֿרירן[2]. די דאָזיקע פֿאָטאָגראַפֿיעס זענען פּאָזירט, באַלײַכט און די פֿאָטאָגראַפֿישע טעכניק זענען אָפּגעניגלט, אַפֿילו אינעם פֿאַל פֿון די פֿעלדאַרבעטערס- און וואַרשטאַט-סצענעס. עס זענען נישט קיין ספּאָנטאַנע פֿאָטאָגראַפֿיעס : אַלע פֿאָטאָגראַפֿירטע פּאַרשוינען פֿאַרקוקן זיך אויף דעם אָביעקטיוו. אָן אַ ספֿק האָט דאָס מיידעלע וואָס שטייט פֿאָרנט אין גרינבערגס ווײַנגערטנער, בכּיוון אָנגעטאָן איר ווײַס קליידל[3]. די פֿאָטאָגראַפֿיע וואָס ווײַזט אַ פּויער, שטאָלץ זיצנדיק אויף זײַן טראַקטאָר[4] איז אַן אמתע רעקלאַמע, אַ סימבאָל פֿאַר דער עקאָנאָמישער הצלחה אַ דאַנק די מאַשינען פֿון אָ.ר.ט.

דער היסטאָריקער געדענקט אויכעט אַז אינעם אָנהייב פֿון די 30 יאָרן האָט די סאָוועטישע ממשלה שאַנטאַזשירט די לאַנדווירטשאַפֿטלעכע קאָלאָניעס און קאָנפֿיסקירט די טראַקטאָרן פֿון די אַלע פּויערים וואָס האָבן זיך געברידזעט פֿאַר דער צוואַנגקאָלעקטיוויזירונג ; איבערהויפּט וואָלט געווען וויכטיק צו פּרעציזירן די דאַטע און דער קאָנטעקסט פֿון יעדער פֿאָטאָגראַפֿיע.

ערנעסט לאַקאַן, דער דירעקטאָר פֿון דעם הויפּט-פֿראַנצייזישן פֿאָטאָגראַפֿישן זשורנאַל, סוף פֿון 19 יאָרהונדערט, Le Moniteur de la Photographie ,

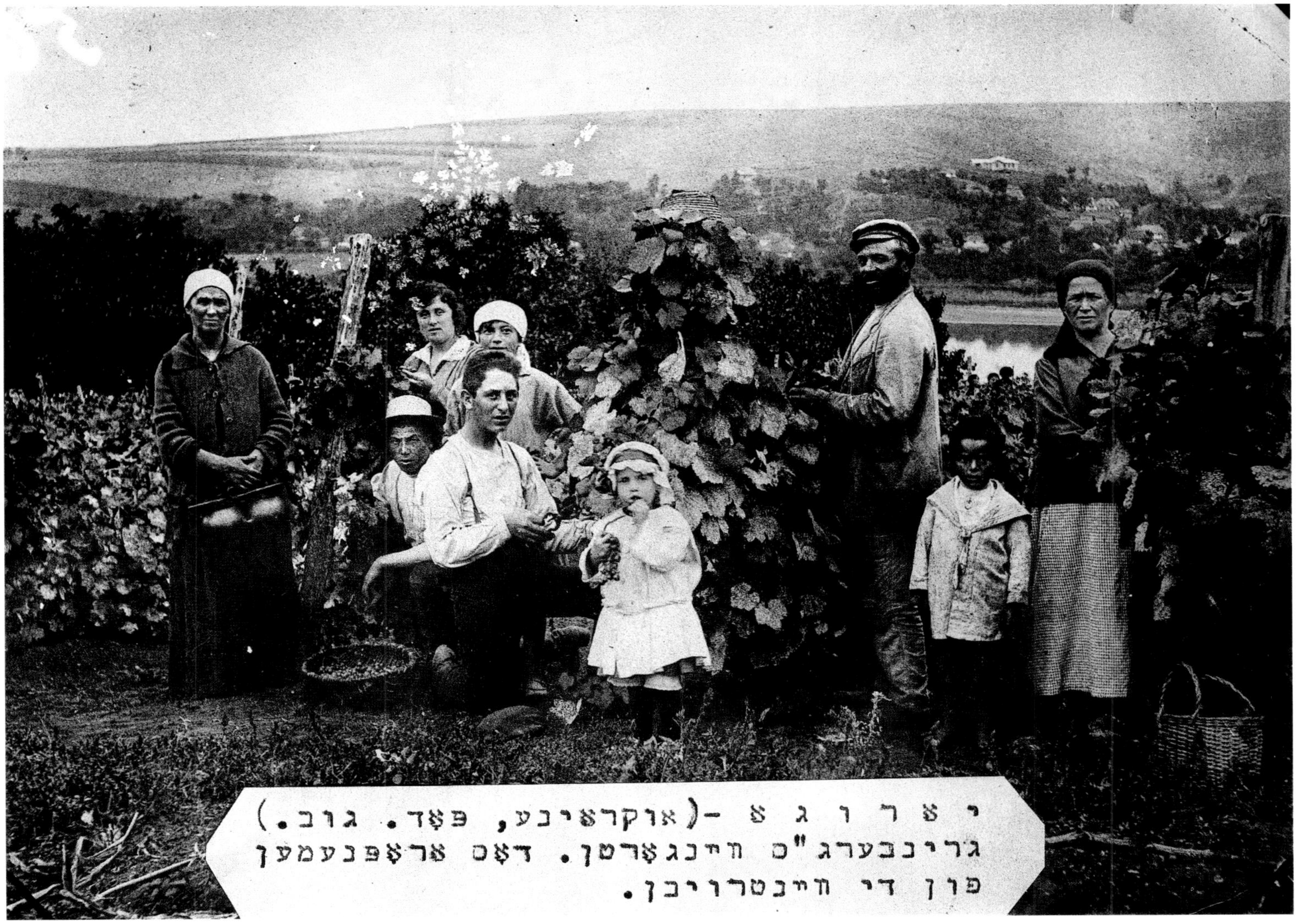

5

« Vignoble Grynberg : les vendanges, Jaruga, Ukraine, Podolie »,
Ukraine, URSS

"Grynberg vineyard: the harvest, Jaruga, Ukraine, Podolia",
Ukraine, USSR

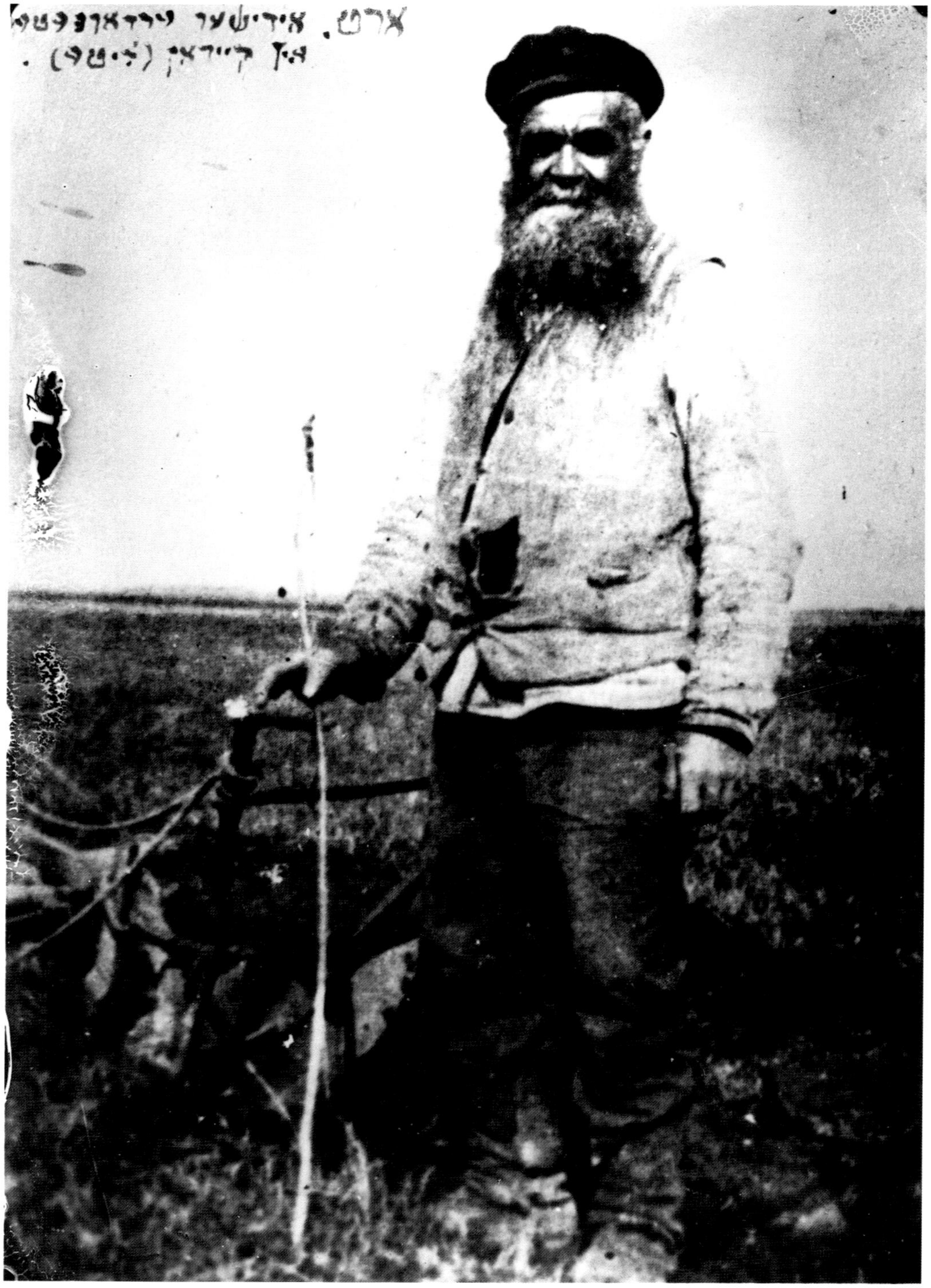

6

« Travailleur agricole juif près de Keidany », Lituanie

"Jewish agricultural worker near Keidany", Lithuania

Emmanuelle Polack

Du shtetl au kolkhoze
Artisans et paysans du Yiddishland (1921-1938)

La collection de photographies[1] présentée ici retrace un épisode relativement méconnu de l'histoire des Juifs d'Europe orientale : la création et le développement, dans les années 1920 et 1930, en Union soviétique, en Lituanie, en Lettonie mais aussi en Pologne et en Roumanie (tout particulièrement dans la région de la Bessarabie), de « colonies agricoles juives » visant à « normaliser » la situation des Juifs en leur inculquant des compétences professionnelles considérées comme « productives ». Ce sujet recèle bien des aspects inattendus, tant il est vrai que donner un nouvel éclairage sur les relations entretenues par les autorités soviétiques, les grandes associations philanthropiques juives telles que l'ORT[2], l'OSE[3], la JCA[4] ou bien encore le Joint[5] et les colons eux-mêmes, peut se révéler source de surprises pour l'historien.

Si diverses études prosopographiques et moult monographies[6] ont couvert depuis les années 1950 les différents champs de l'histoire des Juifs de Russie et d'URSS, il n'en demeure pas moins que cet épisode a finalement été peu étudié et *a fortiori* peu illustré. À notre connaissance, seules deux institutions muséales, à savoir le Museum of Jewish Heritage à New York et le Beth Hatefutsoth[7] (musée de la Diaspora) à Tel-Aviv, ont présenté des photographies et des peintures[8] illustrant la vie des artisans et paysans du Yiddishland.

Dans ce texte de présentation, nous n'avons pas l'ambition de dresser un tableau exhaustif, mais d'apporter quelques éléments de contexte afin d'inscrire les photographies du fonds de l'ORT mondiale[9] dans une perspective historique.

Les colonies agricoles juives de la Russie tsariste

L'histoire des colonies agricoles juives de l'Empire russe renvoie à la question du statut des Juifs de Russie. En 1804, le gouvernement du tsar Alexandre Ier qui règne de 1801 à 1825 décide d'œuvrer à l'amélioration des conditions de vie des Juifs de l'Empire, en les attirant vers le travail de la terre : ceux-ci se voient accorder un nouveau statut, qui les autorise à exercer les métiers d'agriculteur, d'artisan et de marchand. « Le projet d'installation des Juifs comme agriculteurs, dit un document officiel, a pour but de diminuer le nombre de ceux qui exercent un petit commerce, souvent sans grand profit pour eux-mêmes [...], d'augmenter la classe des producteurs, d'habituer les Juifs à une vie d'ordre et de travail régulier pour en faire des sujets utiles à l'empire[10]. » Dans cette perspective, des terres de Russie méridionale sont soit concédées par l'État, soit acquises par les colons eux-mêmes, soit encore affermées. Des milliers de Juifs répondent à l'appel : c'est ainsi qu'émergent, entre 1808 et 1810, les premières colonies agricoles juives, dans les régions steppiques des gouvernements de Kherson et d'Ekaterinoslav.

Le projet prend une telle ampleur que, très rapidement, il s'avère que le gouvernement tsariste n'est pas en mesure de le mener à bien seul. À l'occasion de tournées d'inspection dans la « Zone de résidence[11] », la JCA constate combien la situation des Juifs de Russie, et en particulier celle des agriculteurs, est précaire : un rapport sur la colonie d'Alexandreni, située dans le canton de Beltsy en Bessarabie[12], nous permet d'avoir des informations précises sur la vie quotidienne. Il apparaît que, si les habitudes cultuelles semblent respectées, comme en témoigne la présence de trois synagogues et d'un bain rituel (*mikveh*), en revanche, les conditions économiques sont difficiles : 70 familles, soit 363 personnes, vivent de la culture du maïs sur 247 déciatines[13], qu'elles louent, moyennant un fermage de 10 à 12 roubles par déciatine, à des propriétaires privés parfois peu enclins à renouveler les baux.

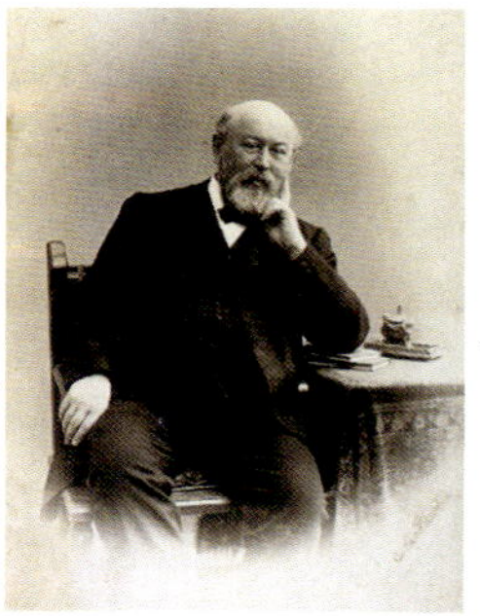

Le baron
Horace de Gunzburg

L'arrivée au pouvoir du tsar despotique Nicolas Ier, à partir de 1825, ne participe pas à l'amélioration de la situation des Juifs de Russie : un décret promulgué en 1827 ordonne l'enrôlement des jeunes Juifs dans l'armée impériale pour une durée de vingt-cinq ans. Les colons juifs du gouvernement de Kherson, déjà exonérés d'impôts, ne sont pas soumis à cette obligation : un tel privilège contribue à l'extension des colonies agricoles juives. L'avènement du tsar Alexandre II, en 1855, marque un coup d'arrêt à ce mouvement : en 1859, celui-ci décide de cesser d'établir des Israélites sur les terres de l'État et, à compter de 1864, il est également interdit aux Juifs de s'installer sur des terres privées.

C'est dans ce contexte de la fin du XIXe siècle, où les Juifs, confrontés à des périodes de famines, d'épidémies, mais aussi de pogroms souvent orchestrés par le pouvoir tsariste, tendent à émigrer en Argentine, au Canada et aux États-Unis, que l'organisation juive ORT voit le jour. À cette époque, Nicolas Bakst (1842-1904), écrivain et professeur de physiologie à l'université de Saint-Pétersbourg, développe l'idée selon laquelle l'émancipation et l'obtention de droits civiques ne pourront être d'aucun secours pour les Juifs de Russie si leur intégration économique n'est pas envisagée de façon concomitante. En 1880, un groupe de notables juifs de Saint-Pétersbourg, Samuel Poliakov (1836-1888), Horace de Gunzburg (1833-1909), Abram Zak (?-1893), Léon Rosenthal (1817-1887) et Meer Fridland (1826-1899), reprenant la thèse de Bakst, demande au tsar Alexandre II l'autorisation de créer un fonds destiné à promouvoir l'éducation et la formation professionnelle des Juifs. Dans une lettre datée du 10 avril 1880, ils précisent la nature de leur projet : « Parmi les nombreux besoins de nos coreligionnaires en Russie, la première place revient incontestablement au manque de travail artisanal et agricole. Rien ne saurait donc alléger davantage la situation de la masse de nos coreligionnaires qu'un développement adéquat et systématique du travail artisanal et agricole parmi eux[14]. » Il s'agit donc, à partir des fonds obtenus, d'étendre le réseau des écoles artisanales juives existant déjà et de contribuer à la création de nouveaux établissements avec pour objectif l'augmentation du nombre de Juifs – jusque-là très faible – exerçant une activité artisanale et agricole dans l'Empire russe. En réformant ainsi la base économique sur laquelle reposent les communautés juives, les initiateurs du projet espèrent pouvoir favoriser leur intégration politique.

En l'espace de quelques mois, 30 000 donateurs versent près de 500 000 roubles, permettant ainsi à l'Organisation pour la formation aux métiers de l'artisanat et de l'agriculture de la communauté juive de Russie (*Obchestvo Remeslenovo i zemledeltcheskovo Trouda*, appellation russe d'où est issu le sigle ORT), de s'atteler à la tâche. Durant les premières années, l'ORT cherche surtout à décongestionner les grandes villes de l'ouest en envoyant un grand nombre d'ouvriers et d'artisans juifs vers l'intérieur de la Russie, en dehors de la « Zone de résidence ». Cependant, l'assassinat d'Alexandre II, en 1881, est le prétexte d'une vague de pogroms particulièrement sanglants qui débute en Ukraine en 1881 et s'étend à la Pologne et à la Lituanie.

L'ORT n'en continue pas moins son œuvre. Ayant obtenu un statut légal et une reconnaissance officielle des autorités russes en 1906, elle se lance dans un combat acharné contre le *numerus clausus* imposé aux Juifs pour l'accès à certaines professions et contre le « pogrom économique » qu'ils subissent, et étend sa tâche aux pays d'Europe centrale et orientale.

Au lendemain de la Première Guerre mondiale : la lutte pour la survie économique des Juifs en Europe centrale et orientale

Les traités de paix qui concluent la Première Guerre mondiale entérinent une nouvelle distribution des frontières et de nouveaux États en Europe et, avec, une nouvelle répartition des Juifs en Europe centrale et orientale. Ainsi, la République polonaise, qui recouvre les territoires de la Biélorussie et d'une partie de la Lituanie et de la Volhynie, abrite un tiers de la population juive de l'ancien Empire tsariste, soit 3 000 000 de Juifs. Le royaume de Roumanie, considérablement agrandi, voit sa population juive portée à 1 000 000, avec l'annexion à son territoire de la Bessarabie, de la Bucovine et de la Transylvanie[15]. Enfin, la Tchécoslovaquie compte 350 000 Juifs, l'Autriche, 250 000, ce qui reste de la Lituanie, 150 000, la Lettonie, 100 000 et l'Estonie 5 000.

Loin d'inaugurer une ère paisible, les années 1920 ouvrent, pour les Juifs d'Europe centrale et orientale, une période de grandes difficultés. D'une part, ils font l'objet de vastes mouvements de répression : des vagues de pogroms sont perpétrées par les bandes de Makhno, de Denikine, de Petlioura[16] en Ukraine, mais également en Roumanie, où le parti de la « Garde de fer » terrorise la population juive durant de nombreuses années ; en Pologne également, les Juifs sont persécutés. En outre, la révolution bolchevique de 1917 en Russie soviétique, en anéantissant les échanges commerciaux avec les États voisins, accélère le démantèlement du marché du travail, de l'artisanat et de l'industrie, provoquant parfois la disparition des métiers et des sources de revenus traditionnelles des populations juives de la région : le « travail juif », éloigné des méthodes de production modernes, périclite.

Ce douloureux constat place les responsables de l'ORT russe dans une situation tout à fait nouvelle : non seulement l'institution n'est plus en mesure de se passer de l'aide matérielle en provenance de l'étranger, mais en outre, pour pouvoir étendre ses activités en dehors de la Russie, en particulier en Pologne, en Lituanie, en Lettonie et dans le territoire de la Bessarabie roumaine, il lui faut créer un centre logistique hors des frontières du pays. Dans cette double perspective est créée en juillet 1921, à Berlin, l'Union des institutions ORT, avec l'objectif d'améliorer le financement de l'organisation, d'apporter une aide matérielle et technique aux agriculteurs et aux artisans et, plus largement, de défendre les intérêts économiques des Juifs, en créant des comités ORT dans tous les pays où il est nécessaire de développer les compétences professionnelles des Juifs. En juin 1923, le deuxième congrès de l'Union ORT à Dantzig construit de nouveaux projets afin de relever la vie économique des Juifs d'Europe orientale ; trois délégués de l'Union, David Lvovitch (1882-1950), Léon Bramson (1869-1941) et Aron Syngalowski (1889-1956), organisent alors des collectes massives de fonds : à elle seule, la campagne du Jewish Reconstruction Fund rapporte 1 000 000 de dollars[17]. L'ORT se trouve alors en mesure de conduire une action en faveur des Juifs d'Europe centrale et orientale.

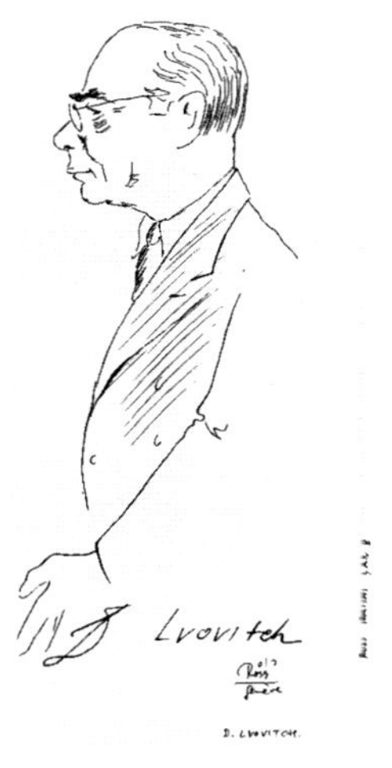

David Lvovitch

Ainsi en Pologne, où les Juifs, bien que bénéficiant théoriquement de la plénitude des droits civiques et politiques, ne peuvent s'intégrer économiquement, en raison du terreau antisémite et d'une législation

restrictive (un *numerus clausus* limite le nombre d'élèves juifs admis dans des centres scolaires, tandis qu'un décret impose l'obtention d'un diplôme d'une école professionnelle d'État pour exercer un métier dans l'industrie), l'ORT livre une dure bataille pour la survie économique des Juifs. Pour permettre aux masses juives de supporter la pression gouvernementale, l'Union ORT conduit de nombreuses actions visant à faciliter l'intégration professionnelle, en particulier dans l'industrie. Ainsi, dès les années 1920, elle organise, prioritairement en direction des orphelins de guerre et des enfants réfugiés, de nombreux cours de travaux manuels. Puis elle étend son action, par la création de centres de formation pour adultes offrant à la fois un enseignement technique (couture, cordonnerie, menuiserie...) et un enseignement général dispensés en yiddish, ainsi que par la formation des jeunes aux métiers de l'industrie lourde. Les écoles ORT[18] ouvertes à partir de 1919 avec l'assistance du Joint sont présentes dans une dizaine de villes de Pologne : le Technicum de Wilno, fondé en 1921, est le fleuron des centres de formation ORT ; sa renommée dépasse les frontières de la Pologne. Ces institutions abritent le plus souvent un service de patronage, dont la tâche essentielle est de « placer » des apprentis en entreprise et de suivre leur progression. Le tout est complété par le travail des ateliers sociaux et des caisses de prêt aux artisans.
Des comités ORT similaires sont installés en Roumanie, en Ukraine et dans les pays baltes, où ils ajustent leurs actions aux politiques gouvernementales nationales.

L'activité de l'Union ORT en URSS : pour un « reclassement » économique des Juifs soviétiques

La révolution d'Octobre 1917 apporte son lot de promesses et d'espoir pour les Juifs de l'ancien Empire russe : ceux-ci, ayant connu des vagues de persécutions récurrentes durant la période tsariste, voient dans les révolutionnaires des alliés dans leur lutte pour l'émancipation. Et, de fait, les premières années du régime soviétique permettent à la population juive d'obtenir l'égalité des droits dans tous les domaines de la vie politique et sociale, tandis que l'antisémitisme est sévèrement puni.
Une section juive du Parti, la *Yevsektsia*, est créée, sous l'égide de Joseph Staline, alors commissaire aux Nationalités, pour apporter une réponse spécifique à la « question juive ». Dans le cadre de la Nouvelle politique économique (NEP) adoptée par Lénine en 1921 pour remédier à l'état de misère et de famine né de la guerre civile et du « communisme de guerre », le gouvernement de Moscou entend encourager les *lishentsy*, ces centaines de milliers de personnes déclassées car interdites de professer leur métier, à se tourner vers l'industrie ou l'agriculture. « Étant donné que par suite de la persécution exercée par le régime tsariste, qui ne permettait pas aux Juifs de s'occuper d'agriculture, la population juive se trouve dans une situation critique ; que, d'autre part, 800 000 déciatines de terre restent incultes ; qu'une colonisation intense est une nécessité urgente pour l'avenir économique du pays, nous décidons que la République soviétique de l'Ukraine, d'accord avec le gouvernement fédéral de Moscou, prendra des mesures afin qu'il soit possible à la population juive des villes, ruinée économiquement, de s'installer sur les terres incultes de l'Ukraine du Sud et du nord de la Crimée, et que la question des fonds nécessaires à cette colonisation sera envisagée entre le gouvernement de Moscou et les organisations juives étrangères qui déploient leur activité sur le territoire de la République soviétique[19]. » Les Juifs se voient ainsi attribuer des terres en Crimée et dans d'autres régions de la Russie du Sud, là où autrefois étaient établies les anciennes colonies juives des provinces de

Kherson et d'Ekaterinoslav. Il s'agit ainsi pour le pouvoir soviétique non seulement de peupler et de sécuriser les régions frontalières de l'Ukraine, de la Crimée et de la Biélorussie, mais aussi d'intégrer les « populations déclassées » et, plus précisément, de favoriser, dans le contexte de l'émergence d'une « société soviétique d'un type nouveau », l'insertion économique et la socialisation des Juifs. Ce en quoi le projet soviétique se distingue des idées préconisées par les penseurs juifs, tels que Nicolas Bakst pour n'en citer qu'un, c'est qu'il s'inscrit dans le double contexte d'un mouvement de propagation de l'athéisme et de lutte sans merci contre le sionisme : d'une part, toutes les religions sont persécutées, y compris la religion juive[20], dépeinte comme une idéologie réactionnaire utilisée par la classe bourgeoise pour détourner l'attention du prolétariat ; d'autre part, le mouvement sioniste est perçu par le régime comme un avatar de l'impérialisme britannique et les sionistes sont contraints à la retraite politique et à la clandestinité, sous peine d'être envoyés dans des camps de travail ou encore d'être condamnés à l'exil en Sibérie. Les colonies agricoles soviétiques sont donc conçues comme un instrument au service de la « soviétisation » de la population juive et comme une alternative aux colonies juives de Palestine.

Faute d'argent, le gouvernement soviétique fait appel à des organisations philanthropiques étrangères pour l'aider à mener à bien ce projet. Parmi elles figure, outre la JCA et l'Agro-Joint[21], l'ORT[22], avec laquelle un accord quinquennal conclu en 1923 est renouvelé jusqu'en 1938. Les interventions de ces organisations juives en matière agricole sont formellement encadrées par le KOMZET[23] (Commission gouvernementale pour l'établissement agricole des Juifs) et l'OZET[24] (Société d'agriculture juive de Russie), deux institutions mises en place par le pouvoir moscovite en 1924 et 1925 pour coordonner toutes les actions destinées à encourager les Juifs à travailler dans l'agriculture et à développer les colonies agricoles juives déjà existantes. Ce sont donc les autorités soviétiques qui prennent la tête des opérations : la « question juive » apparaît implicitement être comprise par Moscou comme un problème d'État[25].

L'émigration intérieure des Juifs vers les terres agricoles qui se développe ainsi en remplacement de l'expatriation, rendue alors difficile par les événements, est perçue par le gouvernement soviétique comme une réussite : il se réjouit de la « régénération » des Juifs par le travail constructif et productif en milieu rural et, à travers elle, de la création d'une paysannerie juive, importante sur le plan symbolique. À l'étranger, en particulier en France, les communautés juives voient dans les colonies agricoles un moyen pour leurs coreligionnaires d'Europe centrale et orientale d'échapper à la situation de *Luftmenschen*[26] entassés dans des villes dans des conditions déplorables. Forte de ce succès, l'Union soviétique décide, en mars 1928, d'encourager des Juifs à construire au Birobidjan, sur le fleuve Amour, une « Palestine soviétique[27] », mais ce projet de région juive autonome, auquel l'ORT est associée, se révélera rapidement non-viable.

Grâce à un accord conclu avec les Soviets le 17 mai 1928, l'Union ORT est autorisée à procéder à l'importation exonérée de tout droit de douane de matières premières, de machines et d'outils destinés à équiper les ateliers. Dans cette perspective, « les familles juives d'Europe occidentale et d'outre-mer, notamment celles des États-Unis, furent invitées à envoyer à leurs parents de Russie des machines ou des instruments de travail[28]. ». La Tool Supply Corporation, une annexe de l'Union ORT, organise, via Berlin ou Londres, le transport des machines à destination des Juifs d'Union soviétique. Dans les quatre premières années, les tailleurs, les menuisiers, les bonnetiers et les cordonniers ont ainsi pu bénéficier de 981 machines importées[29].

En 1931, une résolution adoptée par l'OZET conformément au principe de collectivisation généralisée exige la transformation de toutes les exploitations agricoles juives en fermes collectives. Celles-ci prennent alors

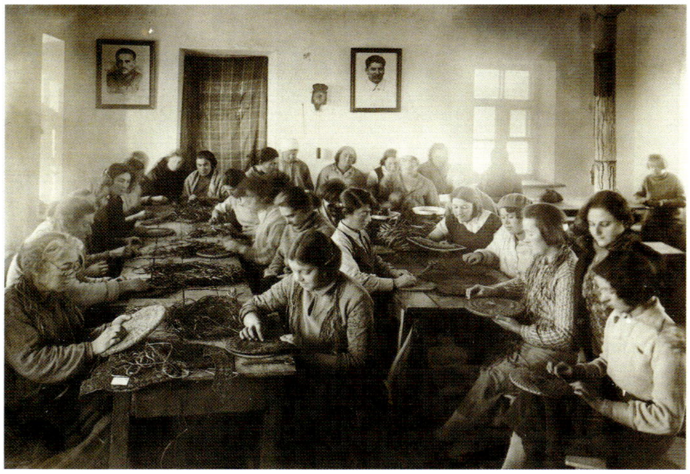

Kolkhoze « Molotov »,
Eupatoria, Crimée

des noms imagés, empruntés à la culture soviétique, comme par exemple dans la région d'Odessa, « 1er mai », « Chemin vers le socialisme », ou encore « Staline », « Karl Marx » et, en yiddish[30], « *Freiheit* » (Liberté), « *Freiheim* » (Foyer libre), « *Emes* » (Vérité), « Sholem Aleikhem ». À la même période, l'ORT organise dans ces nouveaux kolkhozes un réseau d'ateliers semi-industriels, en vue de faciliter l'intégration économique des Juifs et de contribuer à relever leur niveau social : ainsi, pour permettre aux femmes des colons du kolkhoze « Molotov » à Eupatoria, en Crimée, de percevoir un revenu supplémentaire en hiver, l'ORT organise des petites fabriques de confection de chapeaux en raphia ou d'objets en osier.
L'Union ORT et le comité ORT russe ont donc conduit, dans la lignée des ambitions des autorités soviétiques, de multiples actions en faveur du « reclassement » des Juifs. Cependant, leur dynamisme s'est trouvé rapidement freiné. En effet, la fin des années 1930 voit apparaître des difficultés importantes : les autorités gouvernementales exigent de l'Union ORT qu'elle procède à la rénovation ou à la transformation des locaux abritant ses institutions, ce qui entraîne des frais considérables dans un contexte où les subsides et les subventions de l'État diminuent sensiblement. Très vite, d'autres mesures sont prises contre les intérêts des entreprises juives. Si bien que, à partir de 1937, le système bâti par l'ORT en Union soviétique s'effondre : les écoles sont réquisitionnées par les autorités ; de nombreux artisans juifs sont contraints d'intégrer les entreprises d'État ; les purges staliniennes de 1937 et 1938[31], provoquant des coupes sombres au sein de la communauté juive d'URSS, mettent un point final à l'entreprise de l'ORT.

Dès 1929, Albert Londres dénonça, dans une enquête qui l'avait conduit de Londres à la Palestine, en passant par la Pologne, la Transylvanie, la Bessarabie, la Bucovine ou encore la Galicie, le drame des Juifs d'Europe centrale et orientale. Le grand reporter s'était alors efforcé de sonder la misère et de recenser les humiliations, les spoliations dont le peuple juif essuyait la violence. Si l'ouvrage[32] issu de ce reportage reçut un accueil ému de ses contemporains, aujourd'hui ce court temps historique, vaste chantier à investiguer, demeure un pan assez peu connu de l'histoire des Juifs d'Europe de l'Est, alors même qu'il s'imbrique dans l'histoire des colonies agricoles juives d'Argentine, du Brésil et du Canada et dans celle du *Yishuv*[33].
Les photographies qui suivent, probablement issues d'une campagne de propagande iconographique, nous apportent un témoignage rare sur cette parenthèse de l'histoire du judaïsme d'Europe de l'Est.

1. C'est à la faveur d'une de nos nombreuses collectes au cœur des archives de l'ORT France, qu'en novembre 2002, nous avons retrouvé une trentaine de boîtes en carton qui s'avéra contenir 250 plaques de verre : un témoignage historique de première importance. Après les avoir inventoriées puis conditionnées, nous les avons soumises à la direction du musée d'art et d'histoire du Judaïsme qui, d'enthousiasme, a décidé de les présenter dans le cadre d'une exposition temporaire (1er février - 21 mai 2006).
2. L'ORT est une institution internationale qui, née dans la Russie tsariste de la fin du XIXe siècle, œuvre au développement de l'enseignement professionnel dans le monde juif. Elle a joué un rôle prépondérant dans les colonies agricoles juives, ainsi que cette étude le montre.
3. Les buts de l'Œuvre de secours aux enfants (OSE) sont l'aide et la protection de l'enfance, l'assistance médicale et médico-sociale à la population juive. Fondée en 1912 en Russie, elle est établie en France en particulier depuis 1933 où elle a secouru les réfugiés juifs quittant l'Allemagne et l'Autriche.
4. La Jewish Colonization Association (JCA) est une société philanthropique fondée en 1891 par le baron Maurice de Hirsch pour promouvoir l'émigration des Juifs persécutés. Elle a développé des colonies agricoles au Canada, en Argentine et au Brésil.
5. L'American Jewish Joint Distribution Committee, plus connu sous le nom de Joint, est une organisation américaine créée en 1914 pour porter secours aux Juifs de Palestine pris dans les tourmentes de la Première Guerre mondiale et dont l'action s'en ensuite étendue à tous les Juifs en détresse.
6. Les monographies de référence sont les suivantes : Solomon Schwarz, *The Jews in the Soviet Union*, Syracuse University Press, 1951. Lionel Kochan (dir.), *The Jews in the Soviet Russia since 1917*, Londres et New York, Oxford University Press for the Institute of Jewish Affairs, 1972. Zvi Gitelman, *Jewish Nationality and Soviets Politics: the Jewish Section of the CPSU*, Princeton University Press, 1972. Benjamin Pinkus, *The Soviet Government and the Jews*, Cambridge University Press, 1988. Nora Levin, *The Jews in the Soviet Union since 1917*, New York University Press, 1990. Parmi les travaux les plus novateurs, citons : Jonathan Dekel-Chen, *Farming the Red Land, Jewish Agricultural Colonization and Local Soviet Power, 1924-1941*, New Haven, Yale University Press, 2005.
7. Le catalogue de Michaël Beizer et Mikhail Mitsel, *The American Brother, The "Joint" in Russia, the USSR and the CIS*, pérennise l'exposition « By the Shores of the Black Sea, Jewish Farmers in the USSR, 1921-1941 », présentée au Beth Hatefutsoth (Israël) du 20 juin au 28 octobre 2005.
8. Meir Axelrod (1902-1970), originaire de Biélorussie, illustrateur et peintre. Dans les années 1930, Meir Axelrod est chargé par le gouvernement d'une mission artistique dans les colonies agricoles juives de Crimée.
9. Parue en 1980, une monographie de Léon Shapiro, intitulée *The History of ORT, a Jewish Movement for social Change*, New York, Schocken Books, s'efforce de retracer l'histoire de l'Union mondiale ORT.
10. Recueil de matériaux sur la situation économique des israélites de Russie, d'après l'enquête de la Jewish Colonization Association, Paris, Félix Alcan, 1904, p. 134.
11. La « Zone de résidence » recouvre entre 1835 et 1917 l'aire géographique où les Juifs sont admis à résider à l'exclusion des autres territoires de la Russie blanche. Elle comprend un vaste territoire de terres annexées à la Pologne, mais aussi à l'Autriche, comme par exemple la Bessarabie.
12. Les frontières de la Bessarabie ont évolué plusieurs fois au cours de l'époque contemporaine : de 1812 à 1856, la région, anciennement roumaine, est intégrée dans l'Empire russe, avant de redevenir roumaine ; puis, elle est à nouveau une province de l'Empire russe entre 1878 et 1918 et, enfin, est restituée à la Roumanie en 1918.
13. 1 déciatine = 1,1 hectare.
14. Traduction française de la lettre privée rédigée en russe envoyée aux communautés juives de Russie le 10 avril 1880. Fonds ORT France.
15. Simon Doubnov, *Histoire moderne du peuple juif*, Paris, Cerf, 1994.
16. Anton Ivanovitch Denikine (1872-1947) général russe, chef des Russes blancs. Simon Petlioura (1879-1926), homme politique ukrainien assassiné à Paris. Nestor Makhno (1889-1934), chef de l'armée insurrectionnelle d'Ukraine dans les années 1920.
17. L'*Univers israélite*, 16 janvier 1925.
18. « Notes sur les difficultés des écoles ORT en Pologne », 1926. Archives centrales du peuple juif (Jérusalem), fonds ORT France, dossier 185.
19. Cette résolution adoptée par les Soviets est citée dans l'article « Projet de colonisation juive agricole », paru dans l'*Univers israélite*, 9 mai 1924.
20. La *Yevsektsia* a ordonné la fermeture de nombreuses synagogues, d'écoles primaires juives (*heder*) et de centres d'étude talmudique (*yeshivot*) et l'interdiction de toute publication en hébreu, l'autonomie linguistique des Juifs étant alors limitée au yiddish.
21. On se reportera à l'ouvrage de Yehuda Bauer, *My Brother's Keeper, A History of the American Jewish Joint Distribution Committee, 1929-1939*, The Jewish Publication Society of America, 1974, ainsi qu'au fonds d'archives de l'ingénieur agronome Joseph Rosen de l'Agro-Joint, consigné au YIVO (Institute for Jewish Research) à New York.
22. L'Union ORT créée à Berlin en 1921 supervise les campagnes de fonds tandis que l'ORT russe, avec à sa tête Jacob Zegelnitsky, mène d'âpres négociations auprès des Soviets.
23. Le KOMZET en russe ou KOMERD en yiddish a été créé en août 1924 et dissous fin 1938.
24. Plus connu sous le nom de GESERD en yiddish, l'OZET a été initialement créé en janvier 1925 pour encadrer l'installation de travailleurs juifs en URSS. Il a été dissous dans les six premiers mois de l'année 1938.
25. Jonathan Dekel-Chen, « Farmers, Philanthropists, and Soviet Authority », in *Kritica: Explorations in Russia and Eurasian History*, vol. IV, n° 4, automne 2003.
26. *Luftmensch* : en yiddish signifie « homme qui vit de l'air du temps ».
27. Robert Weinberg, *Le Birobidjan 1928-1996. L'histoire oubliée de l'État juif fondé par Staline*, Paris, Autrement, 2000, p. 22.
28. Cité dans l'*Univers israélite*, 16 juillet 1929.
29. L'*Univers israélite*, 26 avril 1929.
30. Le yiddish est préféré à l'hébreu par les autorités soviétiques, alors qu'une fraction importante de la population juive n'a qu'une compréhension rudimentaire du russe. Les activistes des Evsektsy persuadent le Parti que le yiddish est la langue des « masses laborieuses » alors que l'hébreu est celle de la « classe ennemie ». Rappelons que l'objectif principal des sections juives est l'éducation politique et la soviétisation de la population juive dans sa langue maternelle, le yiddish. Cette langue vernaculaire est utilisée pour transmettre le message du Parti aux masses juives. Il y avait des écoles spéciales pour former des instituteurs juifs, une section juive à l'université d'Odessa, une chaire juive à l'Académie ukrainienne de Kiev, un théâtre juif d'État à Kharkov et un grand nombre d'autres établissements culturels juifs. De nombreux ouvrages en yiddish ont été publiés durant cette période, tous empreints de conceptions étroitement partisanes. S'il est indéniable que le yiddish devait propager les idées du Parti, il fut aussi en un certain sens un soutien à l'action en faveur de l'amélioration de la situation économique des Juifs soviétiques.
31. Jacob Zegelnitsky, ingénieur agronome représentant de l'Union ORT en Russie soviétique, est arrêté en 1938 et très probablement décédé au Kazakhstan.
32. Albert Londres, *Le Juif errant est arrivé*, Paris, Arléa, rééd. 1997.
33. *Yishuv* est le nom hébreu par lequel on désigne la population juive installée en Palestine avant la création de l'État d'Israël.

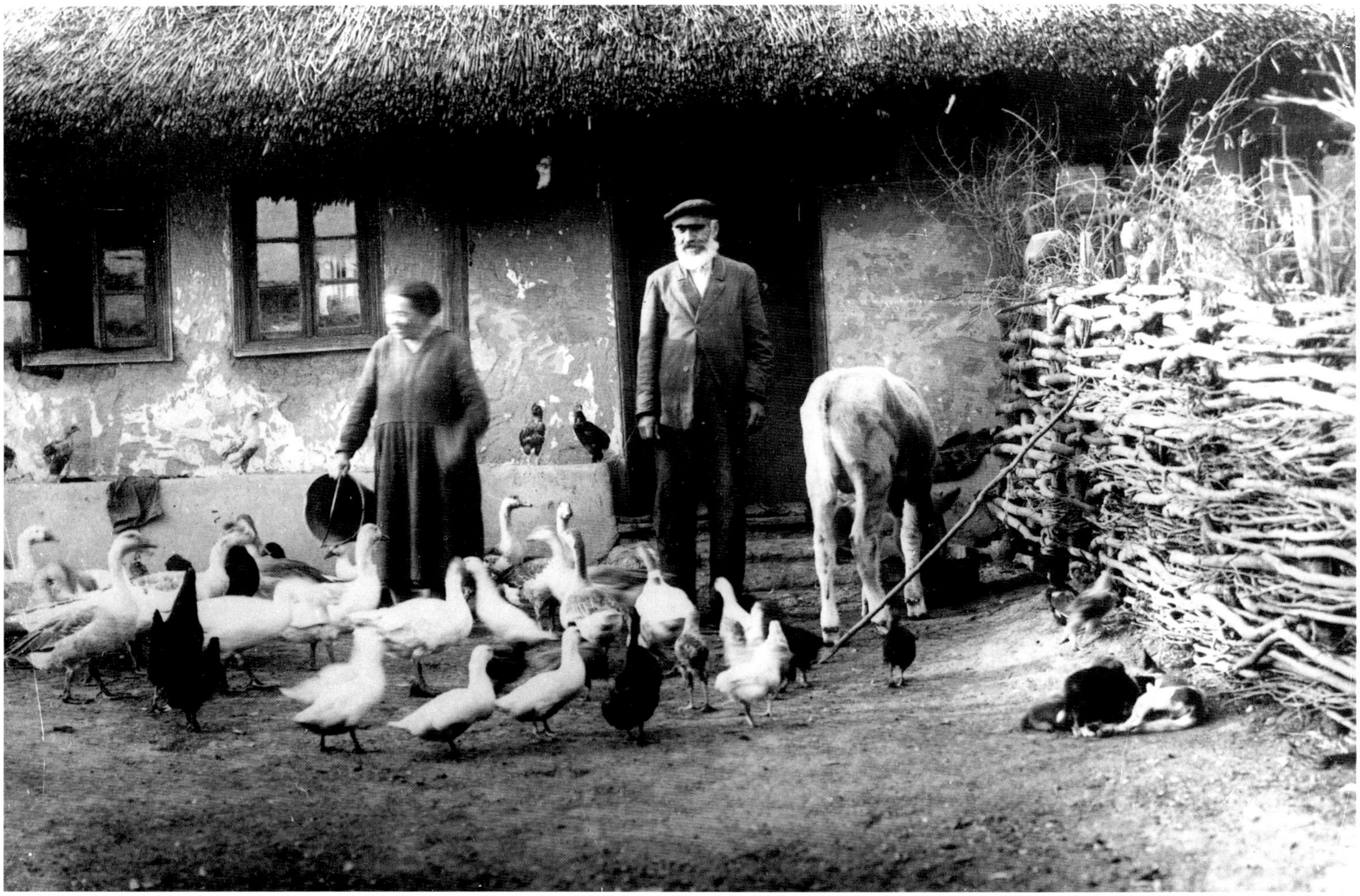

7

Ferme de l'agriculteur juif Yosef Lisker, Peresetchina, Bessarabie, Roumanie

Farm of the Jewish farmer Yosef Lisker, Peresechina, Bessarabia, Romania

Emmanuelle Polack

From Shtetl to Kolkhoz
The Tradesmen and Farmers of Yiddishland (1921-1938)

The collection of photographs[1] presented here relates a relatively little-known episode in the history of the Jews of eastern Europe: the creation and the development, in the 1920s and 30s, of "Jewish agricultural colonies" in the Soviet Union, Lithuania and Latvia but also Poland and Romania (especially in the Bessarabia area), with the aim of "normalising" the situation of the Jews by teaching them what were considered "productive" professional skills. This subject has many unexpected facets, and as new light is shed on the relations between the Soviet authorities, big Jewish philanthropic associations such as ORT,[2] OSE,[3] JCA[4] and Joint,[5] and the settlers themselves, historians may be in a for a few surprises.

Since the 1950s there have various prosopographic studies and numerous monographs[6] on the various aspects of Jewish history in Russia and the USSR, but the fact remains that this particular aspect has been little examined, let alone illustrated. To my knowledge, only two institutions – the Museum of Jewish Heritage in New York and the Beth Hatefutsoth[7] (Museum of the Diaspora) in Tel Aviv, have exhibited photographs and paintings[8] illustrating the life of the craftsmen and farmers of Yiddishland.

The ambition of this text is not to present an exhaustive picture, but to sketch in the context so that the photographs from the World ORT collection[9] can be seen in historical perspective.

The Jewish agricultural colonies of Tsarist Russia

The history of the Jewish agricultural colonies in the Russian Empire needs to be understood in relation to the status of the Russian Jews.

In 1804, the government of Tsar Alexander I, who reigned from 1801 to 1825, decided to improve the living conditions of the Empire's Jews by encouraging them to work the land. They were therefore granted a new status authorising them to be farmers, craftsmen and merchants. "The plan to establish the Jews as farmers", states an official document, "is designed to decrease the numbers working as small tradesmen, often for little profit [...], to increase the class of producers, to accustom Jews to a life of order and regular work so as to make them useful subjects of the Empire."[10] To this end, land in southern Russia was either conceded by the state, bought by the settlers themselves, or leased out. Thousands of Jews answered the call, and so the first Jewish agricultural colonies emerged in the steppe regions of the Kherson and Ekaterinoslav governments between 1808 and 1810.

The project developed on such a scale, in fact, that it was soon apparent that the Tsarist government did not have the capacity to manage it properly on its own. Decades later, after an inspection tour of the "Pale of Settlement",[11] the JCA would note the precarious conditions of the Russian Jews, and especially of the farmers. A report on the colony at Alexanderni, in the Bessarabian canton of Beltsy,[12] provides detailed information on their everyday life. While, judging by the presence of three synagogues and a ritual bath (*mikveh*), it would seem that cultural habits were maintained, economic conditions were difficult: 70 families,

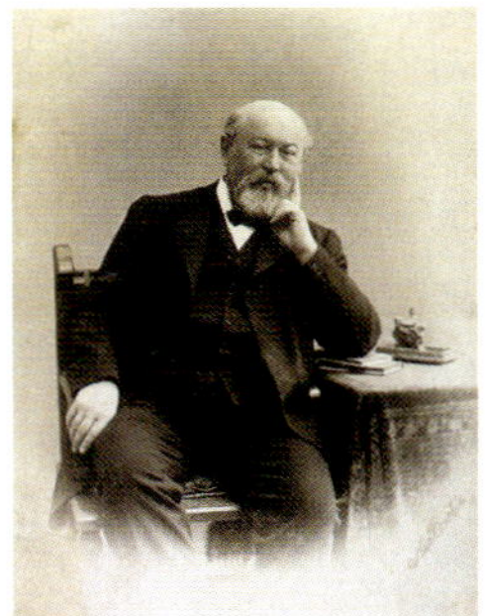

Baron Horace de Gunzburg

representing a total of 365 men and women, lived by growing maize on 247 deciatines,[13] which they rented for around 10 to 12 roubles per deciatine from private owners who were sometimes reluctant to renew the lease.

The accession of the despotic Tsar Nicolas I, in 1825, certainly did not improve the lot of Russian Jews. A decree promulgated in 1827 stipulated that young Jews should be pressed into service in the Imperial Army for a duration of 25 years. However, an exception was made for the Jewish colonists of the Kherson government, who were already exempted from taxes. This privilege fostered the growth of the Jewish agricultural colonies. But the movement was halted shortly after Alexander II came to the throne in 1855: in 1859, the new Tsar decided to stop settling Israelites on state land and, as of 1864, Jews were also denied the right to settle on private land.

It was in this context, faced with famines, epidemics and pogroms, often orchestrated by the Tsarist regime, that Jews began emigrating to Argentina, Canada and the United States at the end of the 19th century, and that ORT was founded. Nicolas Bakst (1842-1904), a writer and professor of physiology at the University of Saint Petersburg, put forward the idea that emancipation and civil rights would be of no help to Russian Jews if the concomitant economic integration was not provided for. In 1880 a group of prominent Jewish figures in Saint Petersburg, including Samuel Poliakov (1836-88), Horace de Gunzburg (1833-1909), Abram Zak (?-1893), Leon Rosenthal (1817-87) and Meer Fridland (1826-99), acting on Bakst's views, requested that Tsar Alexander II authorise the creation of a fund to promote education and professional training for Jews. They specified the nature of their project in a letter dated 10 April 1880: "Among the many needs of our co-religionists in Russia, the foremost is, without a doubt, the lack of work in trades and agriculture. Thus nothing could do more to alleviate the predicament of the mass of our co-religionists than a sufficient and systematic development of crafts and agricultural work among them."[14] The aim, then, was to use the funds obtained to develop the already existing trades schools in order to increase the number of Jews – which at the time was very low – practising a trade or farming in the Russian Empire. By thus reforming the economic foundations of the Jewish communities, the initiators of this project hoped to favour their political integration.

In the space of only a few months, some 30,000 donors gave nearly 500,000 roubles, thus enabling the Russian Jewish community's Organization for the Distribution of Artisanal and Agricultural Skills (in Russian, *Obchestvo Remeslenovo i zemledeltcheskovo Trouda*, represented by the acronym ORT), to get down to work. In the early years, the priority for ORT was to reduced the congestion of the big cities in the west by sending large numbers of Jewish workers and artisans further into the Russian heartlands, outside the "Pale of Settlement". However, the assassination of Alexander II in 1881 was followed by a wave of bloody pogroms that began that year in the Ukraine and spread to Poland and Lithuania.

ORT continued its work notwithstanding. Having obtained a legal status and official recognition from the Russian authorities in 1906, it launched into a tireless combat for an end to the *numerus clausus* imposed on Jews, restricting access to certain professions, and against the "economic pogrom". It also extended the scope of its action to the countries of central and eastern Europe.

After the First World War: the Jewish struggle for survival in central and eastern Europe

The peace treaties that concluded the First World War redrew European frontiers and created several new states. This redistribution affected the Jews of central and eastern Europe. Thus the Polish Republic, which now covered the former territory of Belarus and parts of Lithuania and Volhynia, was home to a third of the Jewish population of the old Tsarist empire, that is, some three million men and women. The much enlarged Kingdom of Romania now had a Jewish population of a million, having absorbed the territories of Bessarabia, Bukovina and Transylvania.[15] Finally, Czechoslovakia had 350,000 Jews, Austria, 250 000, what remained of Lithuania, 150 000, Latvia, 100 000 and Estonia, 5,000.

For the Jews, the 1920s were anything but peaceful. Sweeping repression brought great hardship, with pogroms in the Ukraine perpetrated by the gangs led by Makhno, Denikin and Petliura,[16] but also in Romania, where the Jewish populations suffered years of terror at the hands of the Iron Guard party. In Poland, too, the Jews were persecuted. In Soviet Russia, the Bolshevik revolution of 1917 had led to the termination of trade with the neighbouring states and thus accelerated the collapse of the market for Jewish labour, crafts and industry, in some cases leading to the loss of the population's traditional activities and sources of income. Cut off from modern production, "Jewish labour" dwindled and perished.

This grim reality confronted the directors of the Russian ORT with a new challenge: not only was the organisation unable to manage without aid from abroad, but also, in order to extend its activities beyond the Soviet sphere, and in particular to Poland, Lithuania and Latvia, and Romanian Bessarabia, it needed to create a logistical centre outside Russia. For these two reasons, the ORT Union, uniting all ORT institutions, was founded in Berlin in 1921. Its objective was to consolidate the organisation's financial foundations, to provide material help to farmers and artisans and, more generally, to defend the Jews' economic interests by creating ORT committees in all those countries where there was a need to develop Jewish professional skills. In June 1923, the second congress of the ORT Union in Danzig [today's Gdansk] set up new projects in order to stimulate the economic life of the Jews in eastern Europe. Three delegates from the Union – David Lvovitch (1882-1950), Leon Bramson (1869-1941) and Aron Syngalowski (1889-1956), organised a massive fundraising campaign. On its own, the Jewish Reconstruction Fund campaign raised a million dollars.[17] ORT was now able to set up a programme in favour of central and eastern European Jews.

For example, in Poland, where, while purportedly enjoying full civil and political rights, Jews were unable to integrate economically because of deep-running anti-Semitism compounded by legal restrictions (a

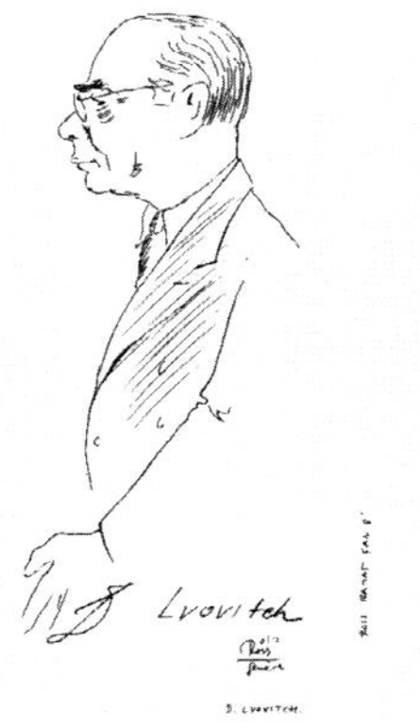

David Lvovitch

numerus clausus limited the number of Jewish students in schools, while a decree required that any Jew wishing to work in industry should have a state school diploma), ORT fought hard for Jewish economic survival. To help the Jewish masses to withstand government pressure, ORT Union implemented numerous schemes aiming to facilitate professional integration, especially in industry. Starting in the 1920s, it organised a considerable variety of courses in manual work, conceived especially for war orphans and refugee children. It then widened its scope, setting up adult training centres combining technical courses (sewing, cobbling, joinery, etc.) with general lessons in Yiddish, as well as training for youngsters to prepare them for work in heavy industry.

ORT[18] schools began to open in 1919 with the help of Joint, and spread to a dozen Polish towns. The most prestigious was the Technicum in Wilno, founded in 1921, whose renown spread beyond Poland. Most of these institutions had a placement service that found jobs for the apprentices and followed their progress, as well as social workshops and a credit scheme for tradesmen.

Similar ORT committees were set up in Romania, the Ukraine and the Baltic states, where they adapted their action to national government policy.

Efforts by ORT Union towards a "reclassification" of Jews in the USSR

The Revolution of October 1917 brought its share of promises and hope for the Jews of the former Russian empire. After the waves of persecution during the Tsarist period, they saw the revolutionaries as allies in their struggle for emancipation. And indeed, the early years of the Soviet regime did bring the Jewish population equal rights in all areas of political and social life. Anti-Semitism was severely punished.

A Jewish section of the Communist Party, the *Yevsektsia*, was set up under the aegis of Joseph Stalin, then Commissar for Nationalities, in order to provide a specific answer to the "Jewish Question". As part of the New Economic Policy instituted by Lenin in 1921 to deal with the poverty and famine caused by the civil war and "war communism", the government in Moscow set out to encourage the *lishentsy*, the hundreds of thousands of people who had been deprived of civil rights and prohibited from plying their trade, to go into industry or agriculture. "Given that, as a result of persecution by the Tsarist regime, which did not allow the

Jews to work in agriculture, the situation of the Jewish population is critical; and also, that 800,000 deciatines of land remain uncultivated; that intense colonisation is urgently needed in the interests of the country's economic future, we have decided that the Soviet Republic of Ukraine, in agreement with the federal government in Moscow, will take measures enabling the economically ruined Jewish urban populations to settle on the uncultivated land of the southern Ukraine and northern Crimea, and that the question of the funds needed for this colonisation will be settled between the government in Moscow and the foreign Jewish organisations active on the territory of the Soviet Republic.[19] The Jews were thus attributed land in the Crimea and in other regions of southern Russia, where they had formerly had colonies in the provinces of Kherson and Ekaterinoslav. For the Soviet government, the purpose of this was not only to people and secure the frontier regions of the Ukraine, Crimea and Belarus, but also to find a place for the "marginal populations" and, more precisely, to expedite the economic and social integration of the Jews in the "new Soviet society". What made the Soviet project different from those formulated by Jewish thinkers like Nicolas Bakst, among others, was that it was conceived within the context of a general movement to propagate atheism combined with a merciless fight against Zionism. On the one hand, all religions were persecuted, including Judaism,[20] which was depicted as a reactionary ideology used by the bourgeoisie to lull the proletariat, and, on the other, the regime saw the Zionist movement as an avatar of British imperialism, so that the Zionists were forced to withdraw from politics and go into hiding, failing which they were sent to labour camps or into exile in Siberia. The Soviet agricultural colonies were thus conceived as an instrument in the service of the "Sovietisation" of the Jewish population, and as an alternative to the Jewish colonies in Palestine.

Since money was short, the Soviet government appealed to philanthropic associations abroad to help carry out this project. Among these were the JCA and Agro-Joint,[21] and ORT,[22] with which Moscow's first five-year agreement of 1923 was extended to 1938. The interventions by these Jewish organisations in agricultural affairs were strictly supervised by the KOMZET[23] (the government commission for Jewish agricultural colonisation) and OZET[24] (the Organisation of Jewish Land Workers), two institutions set up by the government in Moscow in 1924 and 1925, respectively, to coordinate the initiatives to encourage Jews to work in agriculture and develop the existing Jewish agricultural colonies. The Soviet authorities thus took charge of the operations: the "Jewish Question" was thus implicitly seen by Moscow as an affair of state.[25]

The inner migration of the Jews towards agricultural land, a process that replaced expatriation, which recent events had made difficult, was seen by the Soviet government as a success. It rejoiced at the "regeneration" of the Jews through constructive, productive work in the country, and at the resulting creation of a symbolically important Jewish peasantry. Jewish communities abroad, and especially in France, saw these agricultural colonies as a way for their co-religionaries of central and eastern Europe to escape the fate of the *Luftmenschen*[26] packed into the cities in execrable conditions. On the strength of this achievement, the Soviet Union decided in March 1928 to encourage the Jews to build a "Soviet Palestine"[27] at Birobijan, on the River Amur. However, this project for an autonomous Jewish region, with which ORT was involved, soon turned out not to be viable.

By virtue of an agreement reached with the Soviets on 17 May 1928, ORT Union was given authorisation to import raw materials, machines and tools for its workshops, free of tariffs. "Jewish families in western

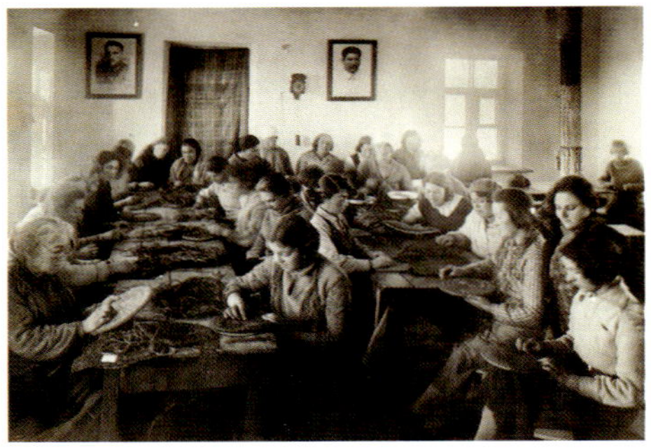

"Molotov" Kolkhoz, Eupatoria, Crimea

Europe and overseas, notably in the United States, were encouraged to send their Russian relatives machines and other working instruments."[28] The Tool Supply Corporation, a subsidiary of ORT Union, organised the shipping of machines to the Jews in the USSR from Berlin and London. During the first four years joiners, hosiers and shoemakers thus benefited from the provision of 981 imported machines.[29]
In 1931, in keeping with the principle of general collectivisation, a resolution adopted by OZET called for the transformation of all Jewish farms into collectives. Consequently these new entities were given resonant Soviet titles such as – for the Odessa region – "1st May", "Path to Socialism", "Stalin" and "Karl Marx" or, in Yiddish,[30] "Freiheit" (Freedom), "Freiheim" (Free Home), "Emes" (Truth) and "Sholem Aleikhem". During the same period, ORT set up a network of semi-industrial workshops in these new kolkhozes in order to facilitate the economic integration of the Jews and to help their social development. Thus, in the "Molotov" kolkhoz at Eupatoria, Crimea, ORT set up workshops where the women could make raphia hats and basketwork articles so as to generate extra income in winter.
Working in accord with the goals of the Soviet authorities, ORT Union and the Russian ORT committee thus carried out numerous initiatives for the "placement" of the Soviet Jews. However, it was not long before their dynamism came up against various obstacles. Towards the end of the 1930s, for example, the government insisted that ORT Union renovate or transform its premises, a very costly undertaking at a time when state subsidies were being severely cut. Then came other measures against the interests of Jewish businesses, so that by 1937 the system built by ORT in the Soviet Union had begun to collapse. Schools were requisitioned by the authorities, while many Jewish tradesmen were forced to join state firms. Finally, ORT's undertakings in the USSR were brutally terminated when the Stalinist purges of 1937 and 1938[31] seriously weakened the Russian Jewish community.

In 1929, during a journey that took him from London to Palestine via Poland, Transylvania, Bessarabia, Bukovina and Galicia, Albert Londres had drawn attention to the plight of central and eastern European Jews. The great journalist revealed the wretchedness and humiliation of the Jews, and the violent despoliations that they suffered. The book that he published[32] met with an emotional response, but today the period he wrote about represents a relatively obscure moment in the history of the eastern European Jews, even though it is bound up with the history of the Jewish agricultural colonies in Argentina, Brazil and Canada and among the *Yishuv*.[33]
The photographs that follow, which were probably used in a propaganda campaign, provide a rare insight into this interlude in the history of the eastern European Jews.

1. In November 2002, during one of our many trawls through the archives of ORT France, we came across some thirty cardboard boxes that turned out to contain 250 glass plates: a historical record of the first order. These were listed and packed and sent to the staff at the Musée d'Art et d'Histoire du Judaïsme, Paris. Their enthusiasm was such that they decided to make these pieces the subject of a temporary exhibition (1 February – 21 May 2006).
2. ORT is an international institution that was created in Tsarist Russia at the end of the 19th century. It works to promote professional training and development in the Jewish world. As this study indicates, it played a central role in the Jewish agricultural colonies.
3. The Œuvre de secours aux enfants (OSE) worked to help and protect children and to provide medical and medico-social assistance to the Jewish population. Founded in Russia in 1912, in 1933 it set up offices in France, which helped Jewish refugees from Germany and Austria.
4. The Jewish Colonization Association (JCA) was a philanthropic society founded in 1891 by Baron Maurice de Hirsch to promote the emigration of persecuted Jews. It developed agricultural colonies in Canada, Argentina and Brazil.
5. The American Jewish Joint Distribution Committee, better known as Joint, was set up in 1914 to help Palestinian Jews caught up in the torments of the First World War, but soon extended its action to all Jews in distress.
6. The authoritative monographs are: Solomon Schwarz, *The Jews in the Soviet Union*, Syracuse University Press, 1951. Lionel Kochan (ed.), *The Jews in Soviet Russia since 1917*, London and New York: Oxford University Press for the Institute of Jewish Affairs, 1972. Zvi Gitelman, *Jewish Nationality and Soviet Politics: the Jewish Section of the CPSU*, Princeton University Press, 1972. Benjamin Pinkus, *The Soviet Government and the Jews*, Cambridge University Press, 1988. Nora Levin, *The Jews in the Soviet Union since 1917*, New York University Press, 1990. Among the most innovative studies, we may note: Jonathan Dekel-Chen, *Farming the Red Land, Jewish Agricultural Colonization and Local Soviet Power, 1924-1941*, New Haven: Yale University Press, 2005.
7. The catalogue by Michaël Beizer and Mikhail Mitsel, *The American Brother, The "Joint" in Russia, the USSR and the CIS*, provides a permanent record of the exhibition *By the Shores of the Black Sea, Jewish Farmers in the USSR, 1921-194*, presented at Beth Hatefutsoth (Israel), 20 June – 28 October 2005.
8. Meir Axelrod (1902-70), an illustrator and painter from Belarus, was entrusted with an artistic mission in the Jewish agricultural colonies of the Crimea in the 1930s.
9. Published in 1980, a monograph by Leon Shapiro, *The History of ORT, a Jewish Movement for Social Change*, New York: Schocken Books, sets out to retrace the history of the World ORT Union.
10. *Recueil de matériaux sur la situation économique des israélites de Russie*, after the report by the Jewish Colonization Association, Paris: Félix Alcan, 1904, p. 134.
11. The "Pale of Settlement", which existed from 1835 to 1917, was the area where Jews were authorised to live, to the exclusion of other territories in White Russia. It included great swathes of land annexed from Poland, but also Austria, notably Bessarabia.
12. The frontiers of Bessarabia have changed several times in the modern age: from 1812 to 1856 this region, formerly Romanian, was part of the Russian Empire, then became Romanian again, before returning to the Russian Empire between 1878 and 1918, when it was finally restored to Romania.
13. 1 deciatine = 1.1 hectares, or 2.4 acres.
14. From a letter (in Russian) sent to the Jewish communities of Russia on 10 April 1880. ORT France archives.
15. Simon Dubnov, *History of the Jews: From Cromwell's Commonwealth to the Napoleonic Era*, Cornwall Books, 1980.
16. General Anton Ivanovich Denikin (1872-1947) commander of the White Russian forces on the southern front. Simon Petliura (1879-1926), Ukrainian politician assassinated in Paris. Nestor Makhno (1889-1934), leader of the rebel army in the Ukraine in the 1920s.
17. L'*Univers israélite*, 16 January 1925.
18. "Notes sur les difficultés des écoles ORT en Poland", 1926. Central Archives for the History of the Jewish People (Jerusalem), ORT collection France, dossier 185.
19. This resolution adopted by the Soviets is quoted in the article "Projet de colonisation juive agricole" published in L'*Univers israélite*, 9 May 1924.
20. The *Yevsektsia* ordered the closure of numerous synagogues, Jewish primary schools (*heder*) and Talmud schools (*yeshivot*), and banned all publications in Hebrew. The Jews' linguistic autonomy was limited to Yiddish.
21. See Yehuda Bauer's book, *My Brother's Keeper, A History of the American Jewish Joint Distribution Committee, 1929-1939*, The Jewish Publication Society of America, 1974, and the archives of Joseph Rosen, an agronomist for Agro-Joint, held at YIVO (Institute for Jewish Research), New York.
22. Founded in Berlin in 1921, ORT Union supervised fundraising activities while the Russian ORT, headed by Jacob Zegelnitsky, negotiated hard with the Soviets.
23. The KOMZET (in Russian) or KOMERD (in Yiddish) was created in August 1924 and wound down in late 1938.
24. Better known by its Yiddish name of GESERD, the OZET was set up in January 1925, initially to supervise the settlement of Jewish workers in the USSR. It was wound down in the first six months of 1938.
25. Jonathan Dekel-Chen, "Farmers, Philanthropists, and Soviet Authority", *Kritica: Explorations in Russia and Eurasian History*, vol. IV, no. 4, autumn 2003.
26. *Luftmensch* is Yiddish for "man who lives off the Zeitgeist".
27. Robert Weinberg, *Le Birobidjan 1928-1996. L'histoire oubliée de l'État juif fondé par Staline*, Paris: Autrement, 2000, p. 22.
28. Quoted in L'*Univers israélite*, 16 July 1929.
29. L'*Univers israélite*, 26 April 1929.
30. The Soviet authorities preferred Yiddish to Hebrew. A sizeable fraction of the Jewish population had only a very basic understanding of Russian. The *Evsektsy* activists persuaded the Party that Yiddish was the language of the "working masses" while Hebrew was that of the "class enemy". We should not forget that the main goal of the Jewish sections was to carry out the political education and Sovietisation of the Jewish population in its mother tongue, Yiddish. This vernacular language was used to convey the Party's message to the Jewish masses. There were special schools to train Jewish teachers, a Jewish section at Odessa University, a Jewish chair at the Ukrainian Academy in Kiev, a Jewish State Theatre in Kharkov and many other Jewish cultural establishments. Large numbers of books in Yiddish were published during this period, all informed by a narrow, partisan ideology. But while there can be no denying that Yiddish was a medium of Party propaganda, it did in a sense also contribute to the improvement of the Soviet Jews' economic and social lot.
31. Jacob Zegelnitsky, an agronomist and representative of the ORT Union in Soviet Russia, was arrested in 1938. He is thought to have died in Kazakhstan.
32. Albert Londres, *Le Juif errant est arrivé*, 1930 (Paris: Arléa, 1997).
33. *Yishuv* is the Hebrew name for the Jewish population that settled in Palestine before the creation of the state of Israel.

1. אין נאָוועמבער 2002 האָבן מיר געפֿונען אין די אַרכיוון פֿון דער אָ.ר.ט- אָרגאַניזאַציע אין פֿראַנקרײַך בערך 30 קאַרטאָנענע קעסטלעך, אָרײַנגעמענדיק 250 גלאָז-טעוועלעך: אַ זייער וויכטיקער היסטאָרישער דאָקומענט. מיר האָבן זיי קלאַסירט, אײַנגעקעסטלט און געוויזן דעם ייִדישן מוזיי פֿאַר קונסט און געשיכטע אין פּאַריז, וואָס האָט גלײַך באַשלאָסן צו אָרגאַניזירן אַ צײַטווײַליקע אויסשטעלונג (1טן פֿעברואַר – 21טן מײַ 2006).

2. די אָ.ר.ט-אָרגאַניזאַציע איז אַן אינטערנאַציאָנאַלע אָרגאַניזאַציע וואָס איז געגרינדעט געוואָרן סוף פֿון 19טן יאָרהונדערט. איר ציל איז צו העלפֿן אַנטוויקלען די פּראָפֿעסיאָנעלע בילדונג פֿון ייִדן. זי האָט געשפּילט אַ זייער וויכטיקע ראָלע פֿאַר די ייִדישע לאַנדווירטשאַפֿטלעכע קאָלאָניעס.

3. די צילן פֿין דער אָ.ז.ע-אָרגאַניזאַציע (Oeuvre de Secours aux Enfants) זענען געווען צו העלפֿן און באַשיצן די ייִדישע קינדער און די ייִדישע באַפֿעלקערונג אין אַלגעמיין. זי איז געוואָרן געגרינדעט אין 1912 אין רוסלאַנד און האָט זיך באַזעצט אין פֿראַנקרײַך אין 1933. במשך פֿון די 30 יאָרן און אינעם אָנהייב פֿון דער צווייטער וועלט-מלחמה האָט זי געראַטעוועט אַ סך ייִדישע פּליטים פֿון דײַטשלאַנד און עסטרײַך.

4. די דזשי-סי-איי אָרגאַניזאַציע (Jewish Colonization Association) איז אַ פֿילאַנטראָפּישע אָרגאַניזאַציע וואָס דער באַראָן מאָריס דע הירש האָט זי געגרינדעט אין 1891, כּדי צוצורעדן און העלפֿן די פֿאַרפֿאָלגטע ייִדן צו עמיגרירן. די דזשי-סי-איי האָט אַנטוויקעלט ערדאַרבעט-קאָלאָניעס אין קאַנאַדע, אַרגענטינע און בראַזיל.

5. די American Jewish Joint Distribution Committee -אָרגאַניזאַציע, בעסער באַקאַנט אונטער דעם נאָמען "דזשוינט" (Joint), איז אַן אַמעריקאַנישע אָרגאַניזאַציע, געגרינדעט געוואָרן אין 1914 כּדי אויסצוהעלפֿן די ייִדן פֿון פּאַלעסטינע בשעת דער שווערער תּקופֿה פֿון דער ערשטער וועלט-מלחמה. פֿון דעמאָלט אָן הילפֿט די דזשוינט-אָרגאַניזאַציע די ייִדן פֿון דער גאָרער וועלט.

6. אויף דער דאָזיקער טעמע גיבן מיר די דאָזיקע באַגרענעצטע ביבליאָגראַפֿיע:

Zvi Gitelman, Jewish Nationality and Soviets Politics: the Jewish Section of the CPSU, Princeton University Press, 1972.

Solomon Schwarz, The Jews in the Soviet Union, Syracuse University Press, 1951.

Lionel Kochan (dir.), The Jews in the Soviet Russia since 1917, Londres et New-York, Oxford University Press for the Institute of Jewish Affairs, 1972.

Benjamin Pinkus, The Soviet Government and the Jews, Cambridge University Press, 1988.

Nora Levin, The Jews in the Soviet Union since 1917, New-York University Press, 1990.

Jonathan Dekel-Chen, Farming the Red Land, Jewish Agricultural Colonization and Local Soviet Power, 1924-1941, New Haven, Yale University Press, 2005.

7. זע דעם קאַטאַלאָג פֿון Michaël Beizer און Mikhail Mitsel, וואָס פֿאַראײַביקט די אויסשטעלונג „By the Shores of the Black Sea, Jewish farmers in the USSR, 1921-1941" (בית התּפֿוצות, 20 יוני–28 אָקטאָבער 2005).

8. במשך פֿון די יאָרן 1930 שיקט די סאָוועטישע ממשלה דעם מאָלער מאיר אַקסעלראָד (ווײַסרוסלאַנד, 1902–1970) קיין קרים אין די ייִדישע קאָלאָניעס פֿאַר אַ קונסטמיסיע.

9. אין זײַן ווערק, דערשינען אין The History of ORT, a Jewish Movement for Social Change, New-York, Schocken Books,1980, באַשרײַבט לעאָן שאַפּיראָ די געשיכטע פֿון דער וועלט-אָרגאַניזאַציע אָ.ר.ט.

10. לויט דער אויספֿאָרשונג פֿון דער דזשי-סי-איי: Recueil de matériaux sur la situation économique des Israélites de Russie Félix Alcan, Paris 1904, ז. 134

11. דער תּחום–המושבֿ איז דער ראַיאָן אין וועלכן די ייִדן האָבן געמעגט לעבן צווישן 1835 און 1917, אין רוסלאַנד. ער שליסט אײַן אַנעקסירטע געגנטן פֿון פּוילן און עסטרײַך ווי למשל בעסאַראַביע.

12. די גרענעצן פֿון בעסאַראַביע האָבן זיך אַ סך מאָל געביטן במשך פֿון דער הײַנטצײַטיקער תּקופֿה: ביז 1812 איז בעסאַראַביע אַ רומענישע געגנט, פֿון 1812 ביז 1856 איז זי אונטער רוסישער שליטה, פֿון 1856 ביז 1878 איז זי פֿון דאָס נײַ רומעניש; פֿון 1878 ביז 1918 ווערט זי נאָך אַ מאָל רוסיש. אין 1918, איז זי אָפּגעגעבן רומעניע.

13. 1 דעסיאַטין ~ 1,1 העקטאַר.

14. פֿראַנצייזישע איבערזעצונג פֿון דעם בריוו געשריבן אויף רוסיש וואָס האָבן אים באַקומען די ייִדישע קהילות אין רוסלאַנד דעם 10 אַפּריל 1880. אָ.ר.ט- אַרכיוו, פֿראַנקרײַך.

15. Simon Doubnov, Histoire moderne du Peuple Juif, Paris, Cerf 1994

16. אַנטאָן איוואַנאָוויטש דעניקין (1872–1947), רוסישער גענעראַל, פֿירער פֿון די ווײַסרוסן. שימעון פּעטליורא (1879–1926), אוקראַיִנישער פּאָליטיקער, דערמאָרדערט אין פּאַריז. נעסטאָר מאַכנאָ (1889–1934), פֿירער פֿון דעם אויפֿשטאַנד אין דער אוקראַיִנע אין די יאָרן 1920.

17. L'Univers israélite, 16 janvier 1925

18. „נאָטיצן וועגן די שוועריקייטן אין די ייִדישע שולן פֿון אָ.ר.ט אין פּוילן", 1926. צענטראַל-אַרכיוו פֿונעם ייִדישן פֿאָלק, ירושלים, אָ.ר.ט-אָפּטיילונג, דאָסיע 185.

19. די דאָזיקע סאָוועטישע רעזאָלוציע ווערט ציטירט אינעם אַרטיקל: «Projet de colonisation agricole juive», L'Univers israélite, 9 mai 1924.

20. די יעווסעקציע האָט באַפֿוילן אַ סך שילן, חדרים און ישיבֿות צו שליסן. די פּובליקאַציעס אויף העברעיִש זענען געוואָרן פֿאַרבאָטן. ייִדן האָבן נאָר געמעגט זיך אויסדריקן אויף ייִדיש.

21. Yehuda Bauer, My Brother's Keeper, A History of the American Jewish Joint Distribution Committee. 1929-1939, The Jewish Publication Society of America, 1974. אַגראָדזשוינט-אַרכיוו פֿונעם אינזשעניר יוסף ראָזען, ייִוואָ (Institute for Jewish Research), ניו-יאָרק.

22. דער וועלט-פֿאַראיין אָ.ר.ט, געגרינדעט געוואָרן אין בערלין אין 1921 קאָנטראָלירט די פֿינאַנצן פֿון דער אָרגאַניזאַציע, בשעת יעקבֿ זעגעלניצקי, דער פֿירער פֿון דער רוסישער אָ.ר.ט- אָרגאַניזאַציע, פֿאַרהאַנדלט מיט דער סאָוועטישער ממשלה.

23. די קאָמזעט-אָרגאַניזאַציע ("קאָמערד" אויף ייִדיש) איז געגרינדעט געוואָרן אין אויגוסט 1924 און צעלאָזן געוואָרן סוף 1938.

24. די אָזעט-אָרגאַניזאַציע ("געזערד" אויף ייִדיש) איז געגרינדעט געוואָרן אין יאַנואַר 1925 צו שטיצן די אינסטאַלירונג פֿון די ייִדישע אַרבעטערס אין פֿסס"ר און איז צעלאָזן געוואָרן אָנפֿאַנג 1938.

25. Jonathan Dekel-Chen, «Farmers, Philanthropists and Soviet Authority», Kritica: Explorations in Russia and Eurasian History, vol. IV, n°4, automne 2003.

26. לופֿטמענטש: פֿאַר אַ מענטש אָן אַ פֿעסטער פּרנסה.

27. Robert Weinberg, Le Birobidjan, 1928-1996. L'histoire oubliée de l'Etat juif fondé par Staline, Paris, Autrement, 2000, p. 22

28. L'Univers israélite, 16 juillet 1929

29. L'Univers israélite, 26 avril 1929

30. דאָס רובֿ פֿון דער ייִדישער באַפֿעלקערונג פֿאַרשטייט קוים רוסיש און לויט דער סאָוועטישער ממשלה איז ייִדיש בילכער ווי העברעיִש. די טוערס פֿון די יעווסעקציעס איבערצײַגן די פּאַרטיי אַז ייִדיש איז אַן אַרבעטער-שפּראַך, ווען העברעיִש איז אין קעגנזאַץ דאָס לשון פֿון די שונאים. דער עיקרדיקער ציל פֿון די ייִדישע סעקציעס איז די בילדונג און די „סאָוועטיזירונג" פֿונעם ייִדישן פֿאָלק, דאָס לעבעדיקע ייִדיש זאָל איבערגעבן די ייִדן די אידעאָלאָגיע פֿון דער פּאַרטיי. מע האָט געבילדעט ייִדישע לערערס און געגרינדעט ספּעציעלע שולן, אין דער אוניווערסיטעט אין אָדעס האָט מען געגרינדעט אַ ייִדישע סעקציע, אין דער אוקראַיִנישער אַקאַדעמיע אין קיִעוו איז געווען אַ ייִדישע קאַטעדרע און אַ שטאַטישער ייִדישער טעאַטער איז געוואָרן געגרינדעט אין קאַרקאָוו. אַ סך ייִדישע ביכער זענען דערשינען במשך פֿון דער דאָזיקער תּקופֿה, אַלע שטאַרק באַאײַנפֿלוסט פֿון דער סאָוועטישער אידעאָלאָגיע. אָבער ייִדיש איז נישט נאָר געווען אַן אידעאָלאָגישער אינסטרומענט, עס האָט אויך אַרײַנגעפֿירט אַ וויכטיקע פֿאַרבעסערונג, קולטורעל און עקאָנאָמיש, פֿאַר די ייִדן אין סאָוויעטן-פֿאַרבאַנד.

31. יעקבֿ זעגעלניצקי, אַן אינזשעניר אַן אַגראָנאָם. ער איז געווען אַ פֿירשפּרעכער פֿונעם אָ.ר.ט-פֿאַראײַן אין פֿסס"ר, און איז געוואָרן אַרעסטירט אין 1938. ער איז מסתּמא געשטאָרבן אין קאַזאַכסטאַן.

32. Albert Londres, Le Juif errant est arrivé, Paris, Arléa, 1997

33. ייִשובֿ: (העברעיִש וואָרט) די ייִדישע באַפֿעלקערונג וואָס האָט געלעבט אין פּאַלעסטינע פֿאַר דער גרינדונג פֿון מדינת-ישׂראל.

לויט דעם אָפּריַיד וואָס ווערט געשלאָסן צווישן אָ.ר.ט און דער סאָוועטישער ממשלה דעם 17טן מיַי 1928, מעג די אָ.ר.ט אימפּאָרטירן רוי–מאַטעריאַלן, מאַשינען און געציַיג, באַפֿריַיט פֿון צאָל. „די ייִדישע משפּחות פֿון מערבֿ- אייראָפּע און פֿון אַמעריקע האָבן אַזוי געשיקט די רוסישע ייִדן מאַשינען און געציַיג"[28]. די Tool Supply Corporation האָט אַזוי אָרגאַניזירט דעם טראַנספּאָרט פֿון מאַשינען פֿאַר די ייִדן פֿון רוסלאַנד,וויאַ בערלין אָדער לאָנדאָן. במשך פֿון די פֿיר ערשטע יאָרן האָבן די שניַידערס, די שוסטערס, די סטאָליערס און די היטל–מאַכערס באַקומען 981 מאַשינען[29] פֿון אויסלאַנד.

אין 1931 פֿאַרלאַנגט די אָזעט אַז די ייִדישע לאַנדווירטשאַפֿטלעכע קאָלאָניעס זאָלן ווערן קאָלכאָזן, וואָס באַקומען סאָוועטישע נעמען ווי למשל, אין דער געגנט פֿון אָדעס: „דער 1טער מאַי", „צום סאָציאַליזם", „סטאַלין", „קאַרל מאַרקס",און אויף ייִדיש[30], „פֿריַיהייט", „פֿריַיהיים", „אמת", „שלום-עליכם". אַרום דער זעלביקער ציַיט טראַנספֿאָרמירט די אָ.ר.ט-אָרגאַניזאַציע די ייִדישע קאָלאָניעס אין האַלב–אינדוסטריעלע וואַרשטאַטן כּדי צו דערמעגלעכן די עקאָנאָמישע אינטעגראַציע פֿון ייִדן און צו פֿאַרבעסערן זייער לאַגע. למשל, כּדי די וויַיבער פֿונעם קאָלכאָז „מאָלאָטאָוו" זאָלן קענען פֿאַרדינען אַ ביסל מער געלט במשך פֿון דיווינטער-חודשים, גרינדעט די אָ.ר.ט קליינע היטלעך- און פֿלעכטוואַרג-מאַנופֿאַקטורן.

אַזוי האָט דער וועלט-פֿאַראיַין אָ.ר.ט, צוזאַמען מיט דער רוסישער אָ.ר.ט-אָרגאַניזאַציע, געהאָלפֿן די ייִדן צו געפֿינען ניַיע פּרנסות. נאָר זייער אימפּעט איז געוואָרן אויף דער גיך פֿאַרפּאַמעלעכט. סוף פֿון די יאָרן 1930, פֿאַרלאַנגט די סאָוועטישע ממשלה, די אָ.ר.ט זאָל אָפּפֿרישן אירע לאָקאַלן. די אָרגאַניזאַציע דאַרף דעמאָלט באַצאָלן אַ סך געלט. אין דער זעלביקער ציַיט פֿאַרמינערט דער שטאַט זיַינע סובסידיעס. אַחוץ דעם ווערן די ייִדישע אונטערנעמונגען באַלד קאָנפֿראָנטירט מיט אַנדערע פּראָבלעמען. פֿון 1937 אָן פֿאַלט איַין דער סיסטעם וואָס אָ.ר.ט האָט אים אויפֿגעבויט אין פֿסס׳ר. די אָ.ר.ט-שולן ווערן רעקוויזירט, אַ סך ייִדישע בעל–מלאכהס ווערן געצוווּנגען צו אַרבעטן אין שטאַטישע אונטערנעמונגען. די גרויסע פֿאַרפֿאָלגונגען פֿון סטאַלין אין 1937 און 1938[31], וואָס שוואַכן שייער אָפּ די ייִדישע באַפֿעלקערונג, ברענגען דעם סוף פֿונעם אָ.ר.ט-פֿירנעם.

אין אַן אויספֿאָרשונג פֿון 1929, וואָס האָט אים געפֿירט פֿון לאָנדאָן קיין פּאַלעסטינע, וויאַ פּוילן, טראַנסילוואַניע, בעסאַראַביע, בוקאָווינע און גאַליציע, פֿאַרדאַמט אַלבערט לאָנדר די דראַמע פֿון די ייִדן אין מזרח- און צענטראַל-אייראָפּע. דער גרויסער רעפּאָרטער האָט געפּרוּווט וויַיזן די ייִדישע נויט, ווי אַזוי די ייִדן ווערן באַגנבֿעט און דערנידעריקט. דער רעפּאָרטאַזש זיַינער[32] האָט גערירט זיַינע מיטציַיטלערס, נאָר דער דאָזיקער היסטאָרישער פּעריאָד אין דער געשיכטע פֿון די ייִדן אין מזרח-אייראָפּע בליַיבט היַינט צו טאָג אַ נישט גוט- באַקאַנטער, כאָטש ער איז אָנגעקניפּט מיט דער געשיכטע פֿון די לאַנדווירטשאַפֿטלעכע קאָלאָניעס אין אַרגענטינע, בראַזיל, קאַנאַדע און אינעם ייִשובֿ[33].

די דאָזיקע פֿאָטאָגראַפֿיעס וואָס זענען מסתּמא טיַיל פֿון אַ פּראָפּאַגאַנדע- קאַמפּאַניע זענען אַ זעלטענער דאָקומענט וועגן אָט דעם פּעריאָד פֿון דער ייִדישער געשיכטע.

דערוואַקסענע ווי מע האָט געלערנט אויף ייִדיש שנײַדערײַ, שוסטערײַ, סטאָליערײַ און ווי די סטודענטן האָבן אויכעט באַקומען אַן אַלגעמיינע בילדונג. פֿון 1919 אָן, אַ דאַנק דער הילף פֿונעם דזשוינט, עפֿנט די אָ.ר.ט עטלעכע שולן[18] אין פּוילן. דאָס ווילנער טעכניקום, געגרינדעט אין 1921, איז אַ פֿאָרבילד פֿאַר די אָ.ר.ט-שולן. זייער אָפֿט געפֿינען די אינסטיטוציעס אונטערנעמונגען פֿאַר זייערע לערניינגלעך. ענלעכע אָ.ר.ט-קאָמיטעטן ווערן געגרינדעט אין רומעניע, אוקראַינע און אין די באַלטישע שטאַטן.

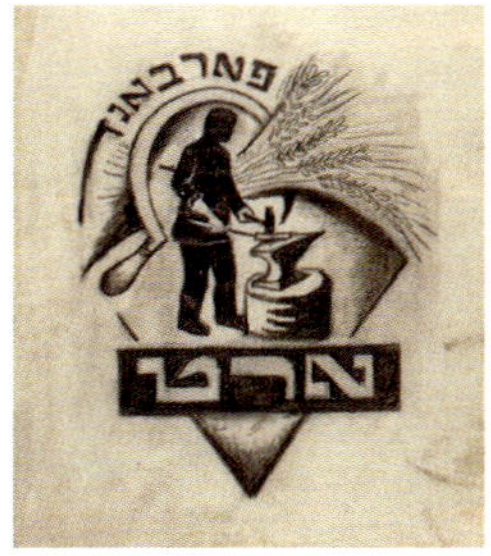

דער אָ.ר.ט וועלט-פֿאַראײַן אין פֿסס״ר: אַן עקאָנאָמישער אויפֿלעב פֿון די סאָוועטישן ייִדן.

מיט דער אָקטאָבער-רעוואָלוציע הייבן ייִדן אָן צו האָפֿן : נאָך די אַכזריותדיקע פּאָגראָמען פֿון די צײַטן פֿונעם צאַר, האַלטן די ייִדן די רעוואָלוציאָנערן פֿאַר זייערע אַלײַרטע אין זייער קאַמף פֿאַר עמאַנציפּאַציע. אין די ערשטע יאָרן פֿון דער סאָוועטישער ממשלה, באַקומען די ייִדן די פּאָליטישע און געזעלשאַפֿטלעכע גלײַכרעכטיקייט. אַנטיסעמיטיזם ווערט שטרענג באַשטראָפֿט. יוסף סטאַלין, וואָס איז דעמאָלט געווען „קאָמיסאַר פֿאַר די נאַציאָנאַליטעטן" גרינדעט די „יעווסעקציאַ", אַ ייִדישע סעקציע פֿון דער פּאַרטײַ, וואָס זאָל טראַכטן וועגן דער ייִדישער פֿראַגע. כּדי צו באַקעמפֿן די אָרעמקייט און דעם הונגער וואָס האָבן מיטגעבראַכט דער בירגערקריג און דער „מלחמה-קאָמוניזם", פֿירט לענין אײַן, אין 1921, די נײַע עקאָנאָמישע פּאָליטיק (נ.ע.פּ). די ממשלה פֿון מאָסקווע וויל אַז די „לישענציס" – עטלעכע הונדערט טויזנטע מענטשן וואָס טאָרן מער נישט לעבן פֿון זייערע טראַדיציאָנעלע מלאכות – זאָלן זיך לערנען ערדאַרבעט אָדער זוכן אַן אַרבעט אין דער אינדוסטריע. „די ייִדישע באַפֿעלקערונג געפֿינט זיך אין אַ שווערער לאַגע מחמת די פֿאַרפֿאָלגונגען פֿונעם צאַרישן רעזשים, וואָס האָט פֿאַרווערט די ייִדן צו אַרבעטן ווי ערדאַרבעטערס. 800.000 דעסיאַטינעס ערד זענען נישט באַאַרבעט. גרינדן קאָלאָניעס איז אַ דרינגלעכער באַדאַרף. מיר באַשליסן אַז די סאָוועטישע רעפּובליק פֿון אוקראַינע, צוזאַמען מיט דער ממשלה אין מאָסקווע, זאָלן דערמעגלעכן דער רוינירטער ייִדישער באַפֿעלקערונג זיך צו באַזעצן אין אוקראַינע און קרים. די סאָוועטישע ממשלה, צוזאַמען מיט די ייִדישע צדקה-אָרגאַניזאַציעס פֿון אויסלאַנד, וועלן פֿינאַנצירן די אַנטוויקלונג פֿון די קאָלאָניעס[19]."

די ייִדן באַקומען אַקערערד אין קרים און אין דרום–רוסלאַנד, דאָרטן ווו אַ מאָל זענען געווען די ייִדישע קאָלאָניעס פֿון קערסאָן און עקאַטערינאָסלאַוו. די ממשלה פֿון מאָסקווע וויל באַפֿעלקערן און באַשיצן די גרענעצן פֿון אוקראַינע, קרים און ווײַסרוסלאַנד און אויך אינטעגרירן די „לישענציס", כּדי צו שאַפֿן אַ „נײַע סאָוועטישע געזעלשאַפֿט" ווו ייִדן וועלן אינטעגרירט ווערן אין דער עקאָנאָמיע און געזעלשאַפֿט אין פֿסס״ר. אָבער דער סאָוועטישער פּראָיעקט איז געווען אַנדערש פֿונעם פּראָיעקט פֿון ניקאָלאַי באַקסט : די סאָוועטישע ממשלה וויל פֿאַרשפּרייטן אַטעיזם און באַקעמפֿט ציוניזם ; אַלע רעליגיעס ווערן פֿאַרבאָטן, די ייִדישער רעליגיע אײַנשליסלעך[20]. מע האַלט זיי פֿאַר רעאַקציאָנערע אידעאָלאָגיעס, וואָס די בורזשואַזיע באַנוצט זיי כּדי אָפּצונאַרן דעם פּראָלעטאַריאַט. די סאָוועטן האַלטן ציוניזם פֿאַר אַ גילגול פֿונעם בריטישן אימפּעריאַליזם, די ציוניסטן טאָרן מער זיך נישט עוסק זײַן מיט דער פּאָליטיק און זענען געצוווּנגען אַוועקצוגיין אין דער אונטערערד, כּדי אויסמײַדן געשיקט צו ווערן אין אַרבעטלאַגערן אָדער ווערן פֿאַרשיקט קיין סיביר. די סאָוועטישע לאַנדווירטשאַפֿטלעכע קאָלאָניעס זענען דעמאָלט אַן אַלטערנאַטיוו פֿאַר די ייִדישע קאָלאָניעס אין פּאָלעסטינע און זאָלן העלפֿן „סאָוועטיזירן" די ייִדישע באַפֿעלקערונג. די סאָוועטישע ממשלה דאַרף האָבן דעם פֿינאַנציעלן שטיץ פֿון צדקה-אָרגאַניזאַציעס ווי דזשי–סי–איי, אַגראָ–דזשוינט[21] און אָ.ר.ט[22]. אין 1923 ווערט אַ פֿינפֿיאָריקער אָפּרייד געשלאָסן צווישן אָ.ר.ט און דער סאָוועטישער ממשלה. דער אָפּרייד ווערט ווײַטער געפֿירט ביז 1938. אין 1924 און 1925 גרינדעט די סאָוועטישע ממשלה צוויי אָרגאַניזאַציעס – די קאָמזעט[23] (ממשלה-קאָמיסיע פֿאַר דער ייִדישער לאַנדווירטשאַפֿטלעכער אַרבעט) און די אָזעט[24] (ייִדישע לאַנדווירטשאַפֿטלעכע אָרגאַניזאַציע פֿון רוסלאַנד) – כּדי צו אַנטוויקלען ייִדישע לאַנדווירטשאַפֿטלעכע קאָלאָניעס און כּדי צו מוטיקן די ייִדן צו ווערן ערדאַרבעטערס. די ממשלה פֿון מאָסקווע האַלט אַזוי די „ייִדישע פֿראַגע" פֿאַר אַ שטאַטישער פּראָבלעם[25]. די ייִדישע עמיגראַציע קיין אינלאַנד ווערט געהאַלטן פֿאַר אַ באַגליק : די ייִדישע באַפֿעלקערונג ווערט „רעגענערירט" אַ דאַנק דער פּראָדוקטיווער ערדאַרבעט. אַזוי ווערט געגרינדעט די ייִדישע פּויערימשאַפֿט.

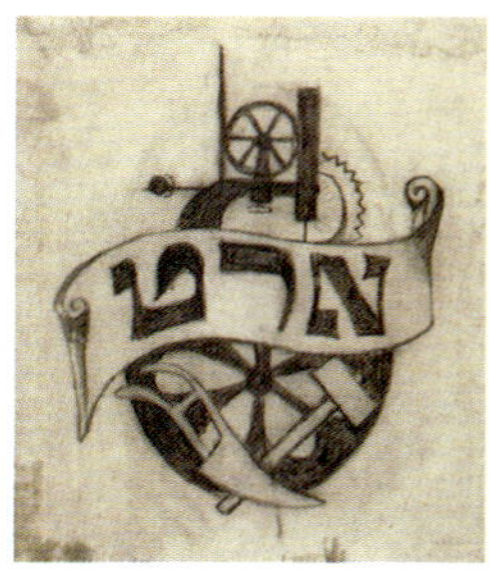

אין אויסלאַנד, אין פֿראַנקרײַך בפֿרט, האַלט מען די ייִדישע לאַנדווירטשאַפֿטלעכע קאָלאָניעס פֿאַר אַ מיטל פֿאַר די ייִדן צו באַפֿרײַען זיך פֿון זייער לופֿטמענטשן-סטאַטוס[26], פֿון זייערע איבערבאַפֿעלקערטע שטעט און זייערע צרות. אין 1928 באַשליסט די סאָוועטישע ממשלה צו שיקן די ייִדן קיין ביראָבידזשאַן כּדי דאָרטן אויפֿצובויען, לעבן דעם פֿלוס אַמור, אַ „סאָוועטישע פּאַלעסטינע"[27]. אָבער דער דאָזיקער פּראָיעקט פֿון אַן „אויטאָנאָמער ייִדישער געגנט" איז קיין מאָל נישט באמת דורכגעפֿירט געוואָרן.

רוסלאַנד דאַרפֿן נישט נאָר זײַן עמאַנציפּזירט און באַקומען בירגעררעכט, נאָר זיי דאַרפֿן אויכעט זײַן אינטעגרירט אין דער עקאָנאָמיע פֿון דער אימפּעריע. אין 1880, בעט אַ גרופּע פֿון ייִדישע גבֿירים פֿון פּעטערבורג – שמואל פּאָליאַקאָוו (1836–1888), האָראַס גינזבורג (1833–1909), אברהם זאַק (?–1893), לעאָן ראָזענטאַל (1817–1887) און מאיר פֿרידלאַנד (1826–1899) – בײַ דעם צאַר, זיי זאָלן מעגן שאַפֿן אַ קרן צו בילדן די ייִדן. אין אַ בריוו פֿונעם 10טן אַפּריל 1880, פּרעציזירן זיי זייער פּראָיעקט : „די ייִדן אין רוסלאַנד האָבן אַ סך באַדאַרפֿעניש, נאָר איינער איז גרעסער פֿון אַלע : זיי דאַרפֿן לערנען זיך מלאכה און ערדאַרבעט. דאָס וואָלט זיי שטאַרק געהאָלפֿן[14].“ באַקסט, פּאָליאַקאָוו, גינזבורג, זאַק, ראָזענטאַל און פֿרידלאַנד ווילן אַזוי העלפֿן אַנטוויקלען די ייִדישע מלאכה–שולן אין רוסלאַנד און גרינדן נײַע שולן, די ייִדן זאָלן ווערן ערדאַרבעטערס און בעל–מלאכהס. דורך דעם האָט די דאָזיקע גרופּע די האָפֿענונג צו דערמעגלעכן די פּאָליטישע אינטעגראַציע פֿון די ייִדן אין רוסלאַנד. במשך פֿון אַ פּאָר חודשים געבן 30.000 בײַשטײַערס 500.000 רובל דער אָרגאַניזאַציע (אויף רוסיש Obchestvo Remeslenovo i zemledeltcheskovo Trouda : פֿון דאַנען קומען די ראשי–תּיבֿות אָ.ר.ט) פֿאַר דער בילדונג פֿון די רוסישע ייִדן. אַ דאַנק זייערע געלטער, האָט די אָרגאַניזאַציע שוין געקענט נעמען זיך צו אַרבעטן.

במשך פֿון די ערשטע יאָרן פֿון איר גרינדונג, האָט די אָ.ר.ט אַרויסגעשיקט אַ סך ייִדישע בעל–מלאכהס און ערדאַרבעטערס פֿון די גרויסע רוסישע מערבֿ–שטעט (תּחום–המושבֿ), קיין אינלאַנד. אין 1881 איז דער צאַר אַלעקסאַנדער דער 2טער דערמאָרדעט געוואָרן : מיט זײַן טויט הייבט זיך אָן אַ ריי שרעקלעכע פּאָגראָמען אין אוקראַינע, פּוילן און ליטע. די אָ.ר.ט איז פֿונדעסטוועגן ממשיך מיט איר מיסיע און באַקומט אין 1906 אַ לעגאַלן סטאַטוט. זי ווערט אָפֿיציעל אַנערקאַנט פֿון דער רוסישער ממשלה. די אָרגאַניזאַציע באַקעמפֿט דעם „נומערוס קלאַוזוס“, וואָס האָט פֿאַרווערט די ייִדן עטלעכע פּראָפֿעסיעס, און דעם „עקאָנאָמישן פּאָגראָם“ וואָס זיי מאַכן דורך. די אָרגאַניזאַציע אַנטוויקלט זיך אויך אין מזרח- און צענטראַל-אייראָפּע.

נאָך דער ערשטער וועלט–מלחמה : דער עקאָנאָמישער קאַמף פֿון ייִדן איבערצולעבן אין מזרח- און צענטראַל-אייראָפּע.

מיט די שלום–אָפּמאַכן סוף פֿון ערשטער וועלט–מלחמה, ווערן נײַע גרענעצן געצייכנט און נײַע שטאַטן געגרינדעט אין מזרח- און צענטראַל-אייראָפּע : די ייִדישע באַפֿעלקערונג דאָרטן ווערט אַנדערש אײַנגעטײלט. אַ דריטל פֿון דער ייִדישער באַפֿעלקערונג פֿון דער געוועזענער רוסישער אימפּעריע (3.000.000 נפֿשות), וווינט איצטער אין פּוילן, וואָס שליסט אײַן ווײַסרוסלאַנד, אַ טײל פֿון ליטע און וואָלין. די מלוכה פֿון רומעניע וואָס האָט אַנעקסירט בעסאַראַביע, בוקאָווינע און טראַנסילוואַניע[15], באַהויזט אַ 1.000.000 ייִדן. 350.000 ייִדן לעבן אין טשעכאָסלאָוואַקײַ, 250.000 אין עסטרײַך, 150.000 אין ליטע, 100.000 אין לעטלאַנד און 5000 אין עסטלאַנד.

אין די יאָרן 1920 הייבט זיך אָן פֿאַר די ייִדן פֿון מזרח- און צענטראַל-אייראָפּע אַ שווערער פּעריאָד : די באַנדעס פֿון מאַקנאָ, דעניקין און פּעטליוראַ[16] מאַכן פּאָגראָמען אין אוקראַינע.פּונקט אַזוי ווי די „אײַזן–גוואַרדיע“ אין רומעניע. אין פּוילן ווערן די ייִדן אויך פֿאַרפֿאָלגט. חוץ דעם האָט די אָקטאָבער-רעוואָלוציע פֿאַרגיכערט די פֿאַרשווינדונג פֿון די טראַדיציאָנעלע ייִדישע מלאכות און די ייִדן פֿאַרלירן זייערע טראַדיציאַנעלע פּרנסות. די אָ.ר.ט קען מער נישט אויסקומען אָן דער פֿינאַנציעלער הילף פֿון אויסלאַנד, כּדי צו קענען אַנטוויקלען אירע אַקטיוויטעטן אין פּוילן, ליטע, לעטלאַנד און בעסאַראַביע. דער וועלט-פֿאַראײַן אָ.ר.ט ווערט געגרינדעט אין יולי 1921 אין בערלין, כּדי צו פֿאַרבעסערן די פֿינאַנציעלע לאַגע פֿון דער אָרגאַניזאַציע.כּדי צו אונטערשטיצן די ייִדישע פּויערים און בעל–מלאכהס און אויך צו שטיצן די עקאָנאָמישע אינטערעסן פֿון ייִדן אין אַלגעמיין. אָ.ר.ט-קאָמיטעטן ווערן געגרינדעט אין די אַלע לענדער וווּ מע האָט געוואָלט אַנטוויקלען דאָס פּראָפֿעסיאָנעלע מבֿינות פֿון ייִדן. אין יוני 1923, במשך פֿונעם צווייטן קאָנגרעס פֿונעם וועלט-פֿאַראײַן אָ.ר.ט, ווערן פֿאָרגעשלאָגן נײַע פּראָיעקטן כּדי צו פֿאַרבעסערן די עקאָנאָמישע לאַגע פֿון ייִדן אין מזרח-אייראָפּע. דרײַ פֿאַרטרעטערס פֿונעם פֿאַראײַן – דוד לוואָוויטש (1882–1950), לעאָן בראַמסאָן (1869–1941) און אהרון סינגאַלאָווסקי (1889–1956) – זאַמלען צונויף אַ סך געלטער : די קאַמפּאַניע פֿונעם Jewish Reconstruction Fund ברענגט אַליין 1.000.000 דאָלאַרן[17]. די אָ.ר.ט מעג ממשיך זײַן מיט איר מיסיע.

די ייִדן האָבן נישט געקענט אינטעגרירן זיך אין פּוילן מחמת דעם שטאַרקן אַנטיסעמיטיזם און דעם „נומערוס קלאַוזוס“, וואָס האָט באַגרענעצט די צאָל פֿון ייִדישע סטודענטן. כּדי צו אַרבעטן אין דער אינדוסטריע, האָט מען געדאַרפֿט האָבן אַ דיפּלאָם פֿון אַ פּראָפֿעסיאָנעלער שטאַטישער שול. כּדי צו דערמעגלעכן די עקאָנאָמישע אינטעגראַציע פֿון ייִדן, דער הויפּט אין דער אינדוסטריע, אָרגאַניזירט אָ.ר.ט, זינט דעם אָנהייב פֿון די יאָרן 1920, עטלעכע האַנטאַרבעט- קורסן פֿאַר יתומים און פּליטים. די אָרגאַניזאַציע גרינדעט אויכעט בילדונג- אינסטיטוטן פֿאַר

פֿונעם שטעטל צום קאָלכאָז
בעל-מלאכהס און פּויערים אינעם ייִדישלאַנד 1938-1921

די דאָזיקע קאָלעקציע פֿאָטאָגראַפֿיעס[1] ווײַזט אַ נישט אַזוי גוט באַקאַנטער עפּיזאָד אין דער געשיכטע פֿון ייִדן אין מזרח-אייראָפּע : די גרינדונג און די אַנטוויקלונג, במשך פֿון די יאָרן 1920, פֿון ייִדישע לאַנדווירטשאַפֿטלעכע קאָלאָניעס אין פֿסס״ר, ליטע, לעטלאַנד, פּוילן און רומעניע (דער הויפּט אין בעסאַראַביע), כּדי צו „נאָרמאַליזירן״ די לאַגע פֿון די ייִדן וואָס האָבן דאָרטן געקענט לערנען זיך, אין אַ פּראָפֿעסיאָנעלן אופֿן, אַזעלכע מלאכות וואָס מע האָט זיי געהאַלטן פֿאַר „פּראָדוקטיווע״.

די דאָזיקע טעמע וועט קענען אויפֿקלערן אין אַן אומגעריכטן אופֿן דעם היסטאָריקער וועגן די באַציִונגען צווישן דער סאָוועטישער ממשלה, די וויכטיקסטע ייִדישע צדקה-אָרגאַניזאַציעס – אָ.ר.ט[2], אָ.ז.ע[3], דזשי–סי–איי[4], דזשוינט[5] – און די ייִדישע קאָלאָניסטן. זינט די יאָרן 1950 זענען דערשינען עטלעכע ווערק און שטודיעס[6] וועגן דער געשיכטע פֿון ייִדן אין רוסלאַנד און פֿסס׳ר; נאָר וועגן דעם דאָזיקן עפּיזאָד איז נישט געוואָרן געשריבן קיין סך. בלויז צוויי מוזייען –דער Museum of Jewish Heritage אין ניו–יאָרק און דער בית התּפֿוצות-מוזיי[7] אין תּל-אבֿיבֿ – האָבן געוויזן פֿאָטאָגראַפֿיעס און געמעלן[8] וועגן דעם לעבן פֿון די בעל–מלאכהס און די פּויערים אינעם ייִדישלאַנד. מיר וועלן דאָ נישט אַרײַנגיין אין אַן אויספֿירלעכער שטודיע. מיר וועלן נאָר באַשרײַבן דעם היסטאָרישן קאָנטעקסט פֿון אָט די פֿאָטאָגראַפֿיעס פֿונעם אָ.ר.ט וועלט-פֿאַראיין[9].

די ייִדישע לאַנדווירטשאַפֿטלעכע קאָלאָניעס אינעם צאַרישן רוסלאַנד

די געשיכטע פֿון די ייִדישע לאַנדווירטשאַפֿטלעכע קאָלאָניעס אין דער רוסישער אימפּעריע איז געקניפּט און געבונדן מיט דער פֿראַגע פֿונעם סטאַטוט פֿון ייִדן אין רוסלאַנד. אין 1804 באַשליסט דער צאַר אַלעקסאַנדער דער 1טער (1801–1825), צו פֿאַרבעסערן דאָס לעבן פֿון די ייִדן אין דער אימפּעריע. די ייִדן באַקומען אַ נײַעם סטאַטוט און זיי מעגן אַרבעטן ווי ערדאַרבעטערס, בעל–מלאכהס און סוחרים. לויט אַן אָפֿיציעלן דאָקומענט, זאָל „דער דאָזיקער דעקרעט דערלויבן די ייִדן אויפֿצוגעבן זייערע נישט-רווחדיקע קראָמען ; זיי זאָלן האָבן פּראָדוקטיווע מלאכות כּדי צו ווערן ניצלעכע אונטערטאַנערס[10].״ ייִדן באַקומען אַזוי אַקערערד אין דרום–רוסלאַנד, וואָס די קאָלאָניסטן פֿאַרדינגען אָדער קויפֿן זי איין.עטלעכע טויזנט ייִדן זענען בעלנים : די ערשטע ייִדישע קאָלאָניעס ווערן געגרינדעט צווישן 1808 און 1810, אין די סטעפּעס פֿון קערסאָן און עקאַטערינאָסלאַוו. דער פּראָיעקט איז אַזוי אַמביציעז, אַז די צאַרישע ממשלה קען אַליין אים מער נישט טראָגן ; די דזשי–סי–איי אָרגאַניזאַציע, וואָס פֿלעגט אינספּעקטירן די לאַגע פֿון ייִדן אינעם תּחום–המושבֿ[11], האָט געמוזט פֿעסטשטעלן אַז דאָס לעבן פֿון די ייִדן אין רוסלאַנד, דער הויפּט פֿון די ערדאַרבעטערס, איז געווען זייער אומזיכער. אַ באַריכט פֿון דער ייִדישער קאָלאָניע פֿון אַלעקסאַנדרעני (אינעם קרײַז פֿון ביעלצי, בעסאַראַביע[12]), גיט פּרעציזע אינפֿאָרמאַציעס וועגן דעם טאָגטעגלעכן לעבן פֿון די דאָרטיקע ייִדן. זי היטן אָפּ אַ ייִדיש לעבן : אין אַלעקסאַנדרעני זענען פֿאַראַן דרײַ שילן און אַ מקווה, נאָר זייער עקאָנאָמישע לאַגע איז אַ שווערע. 70 משפּחות (363 נפֿשות) לעבן פֿון קוקורוזע-פֿעלדער. זיי פֿלעגן פֿאַרדינגען 247 דעסיאַטינעס[13] (10 ביז 12 רובל פֿאַר איין דעסיאַטין), און די ערדבאַזיצערס זענען נישט תּמיד מסכּים ווײַטער צו פֿירן די פֿאַרדינג-קאָנטראַקטן.

אונטער דער ממשלה פֿונעם צאַר ניקאָלאַי דעם 1טן (1825–1855), ווערט די לאַגע פֿון די ייִדן נאָך שווערער : אין 1827 פֿאַראָרדנט די ממשלה אַז מע זאָל נעמען די ייִדן פֿאַר 25 יאָר אין דער אַרמיי. די ייִדישע קאָלאָניסטן פֿון קערסאָן זענען אָבער פֿון דעם פּטור און זיי האָבן אויך נישט געדאַרפֿט באַצאָלן קיין שטײַערן. אַזוי ווערן געגרינדעט, במשך פֿונעם רעזשים פֿונעם צאַר ניקאָלאַי דעם 1טן, עטלעכע ייִדישע לאַנדווירטשאַפֿטלעכע קאָלאָניעס. אין 1859, פֿאַרווע־ט דער צאַר אַלעקסאַנדער דער 2טער, אין אַ דעקרעט, צו באַזעצן די ייִדן אויף שטאַטישע אַקערערד און פֿון 1864 אָן טאָרן די ייִדן מער נישט באַזעצן זיך אויף פּריוואַטער אַקערערד. אין אָט דעם דאָזיקן קאָנטעקסט ווו די ייִדן זענען קאָנפֿראָנטירט מיט הונגער, עפּידעמיעס און פּאָגראָמען –וואָס די צאַרישע ממשלה אַליין פֿלעגט זיי אָפֿט אָרגאַניזירן – און צוליב וועלכן זיי טראַכטן צו עמיגרירן קיין אַרגענטינע, קאַנאַדע אָדער אַמעריקע, ווערט געגרינדעט די ייִדישע אָרגאַניזאַציע אָ.ר.ט.

דער שרײַבער און פֿילאָלאָגיע-פּראָפֿעסאָר בײַ דער פּעטערבורגער אוניווערסיטעט, ניקאָלאַי באַקסט (1842–1904) האָט די מיינונג, אַז די ייִדן אין

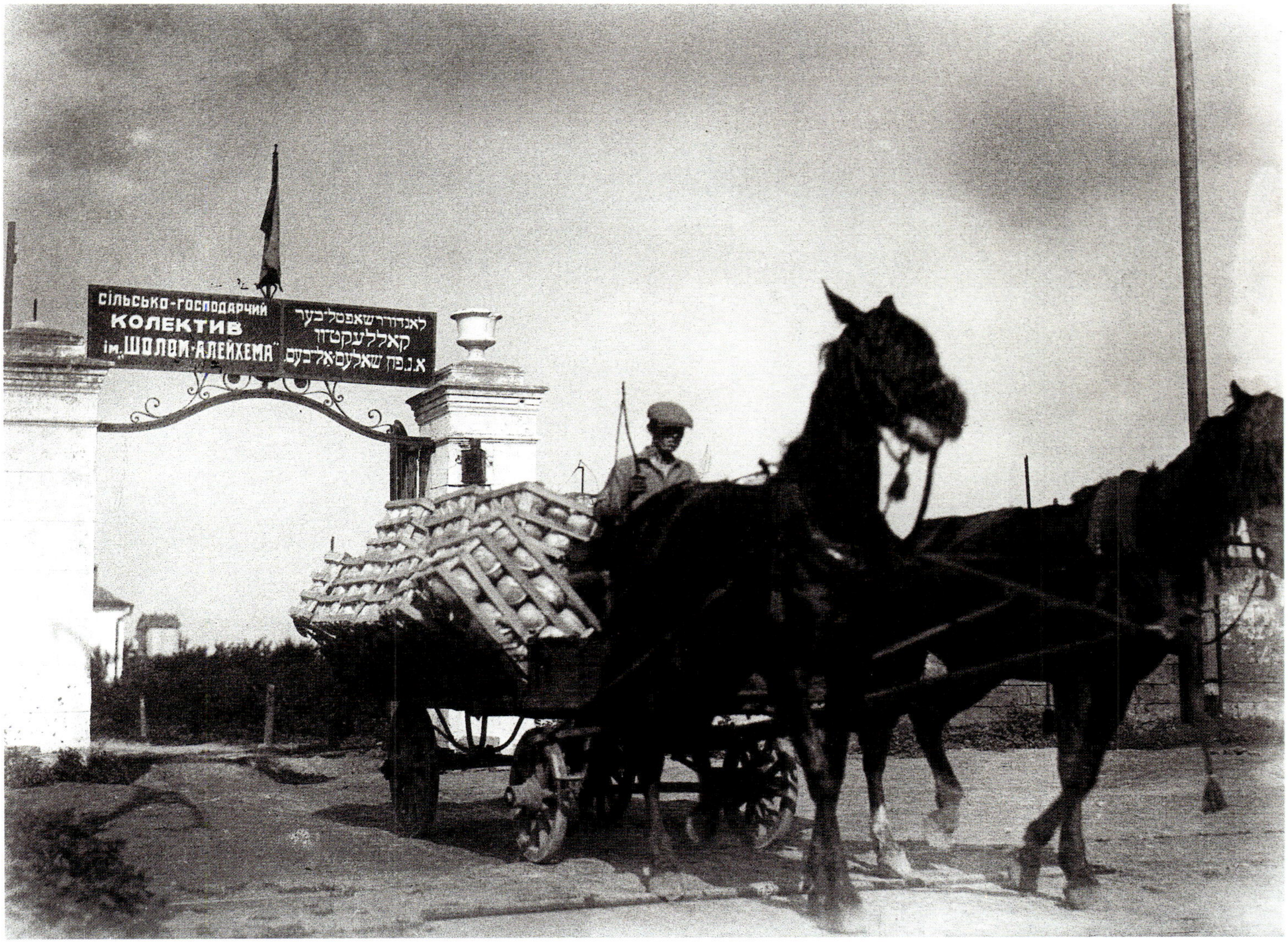

8

Transport de choux verts, collectivité agricole Sholem Aleikhem, province d'Odessa, Ukraine, URSS, automne 1930

Transporting green cabbage, Sholem Aleikhem agricultural collective, province of Odessa, Ukraine, USSR, autumn 1930

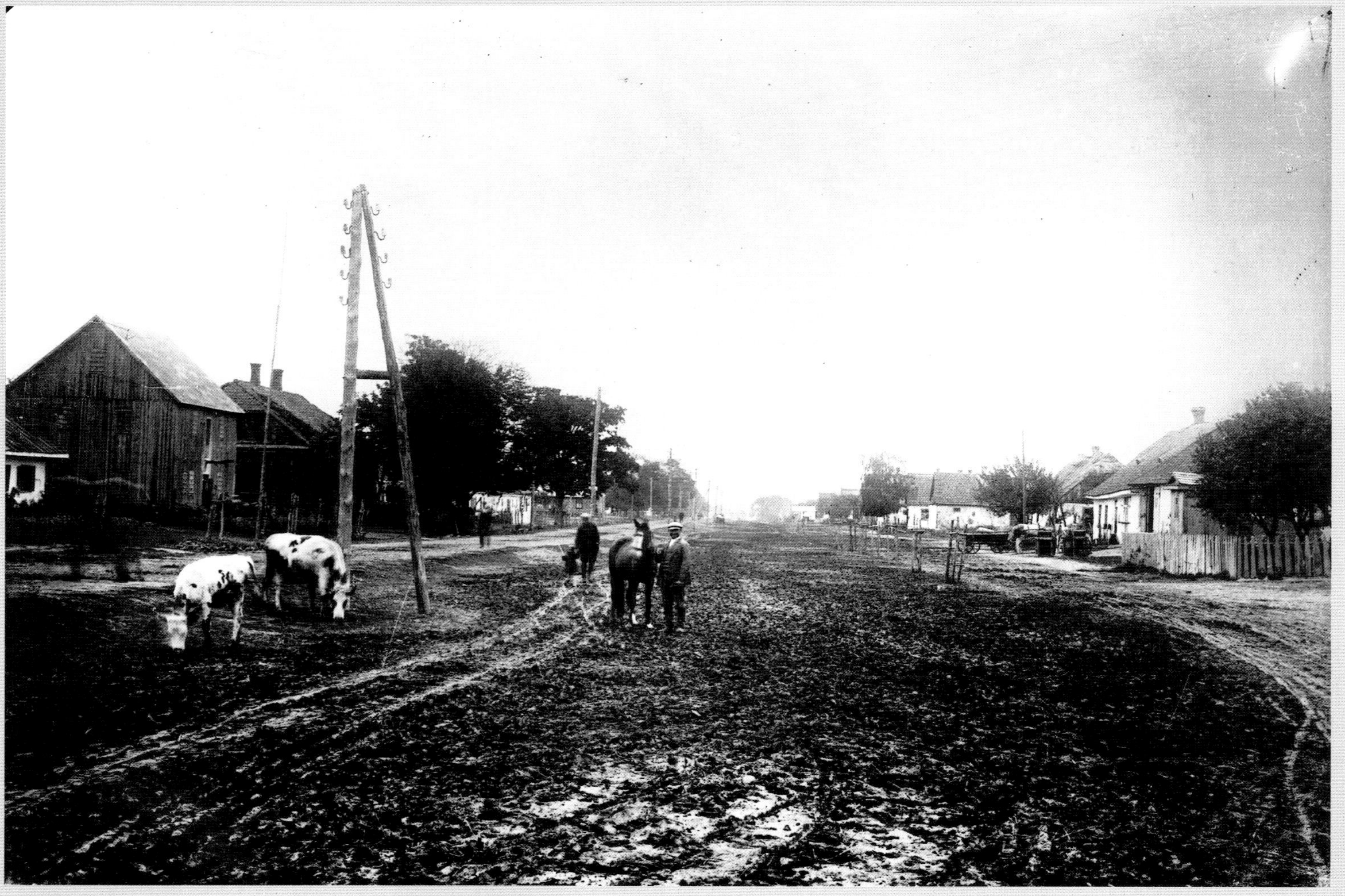

9

Rue principale de la colonie agricole, Jeziorany, Prusse-Orientale

The main street of the agricultural colony, Jeziorany, eastern Prussia

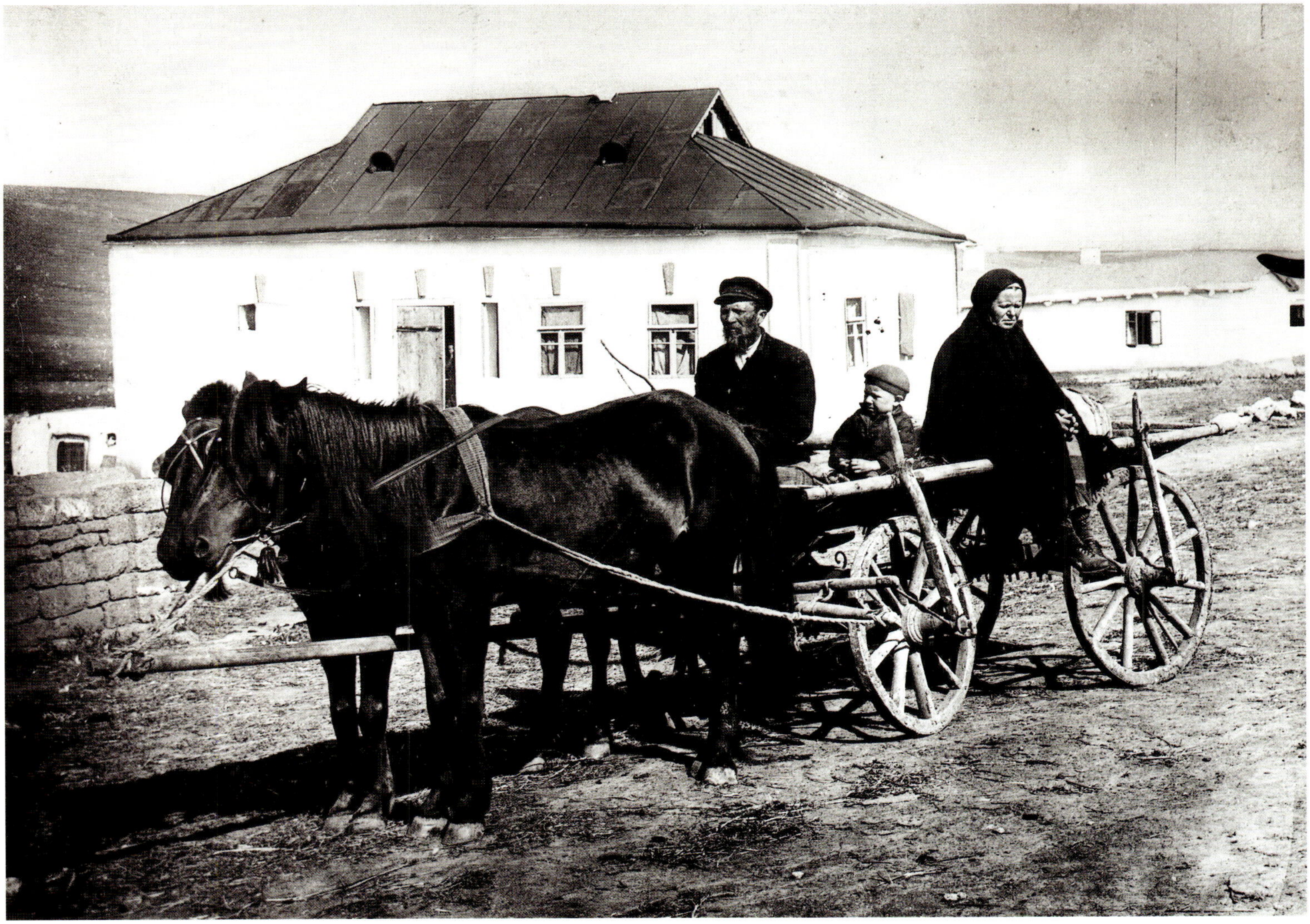

10

Famille d'agriculteurs, colonie Friling (printemps en yiddish), région d'Odessa, Ukraine

A family of farmers, colony of Friling (spring in Yiddish), Odessa region, Ukraine

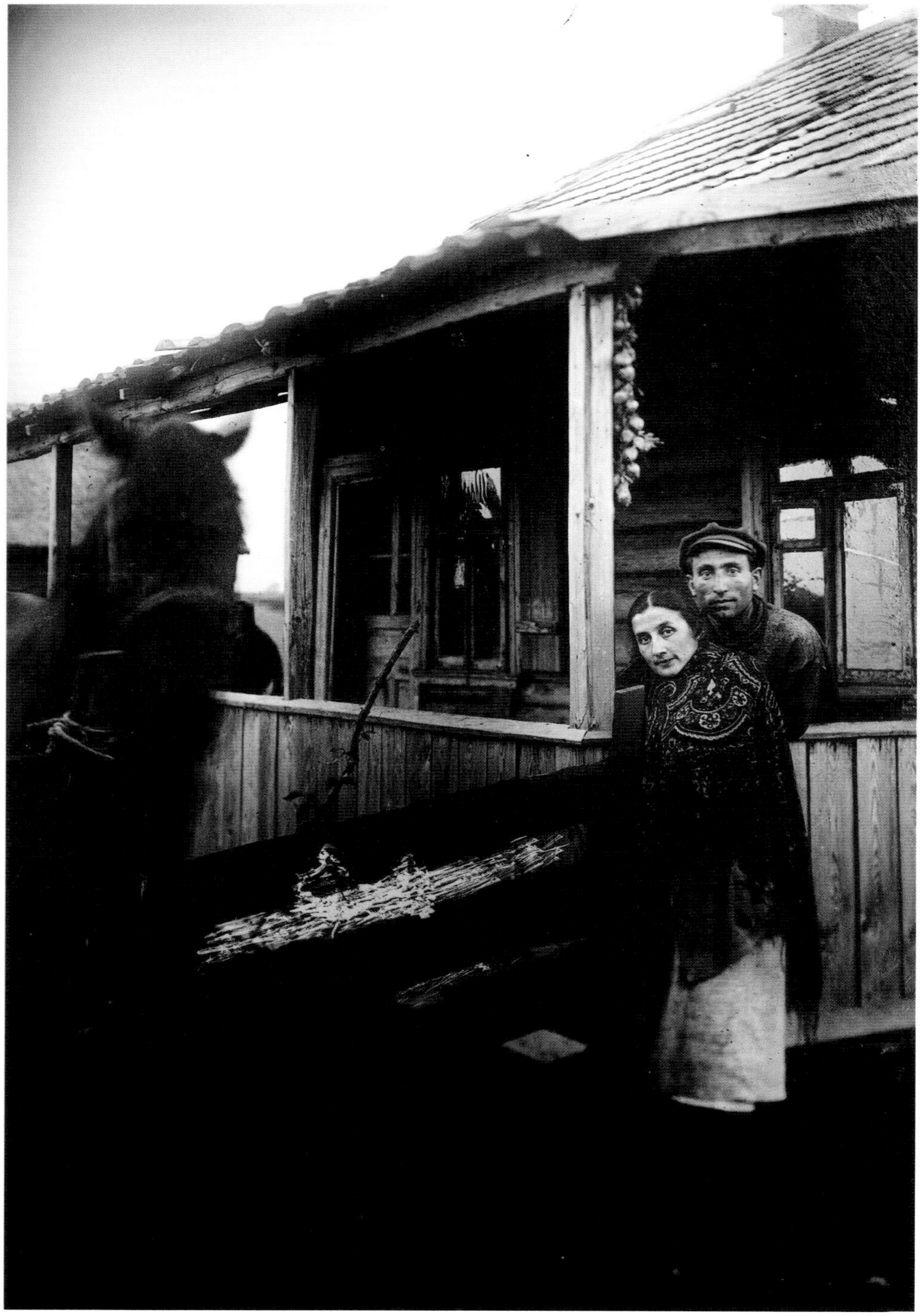

11

Couple de fermiers devant son logis, colonie Khlebodarovka, Starobin, Biélorussie

Farmer couple outside their house, Khlebodarovka colony, Starobin, Belarus

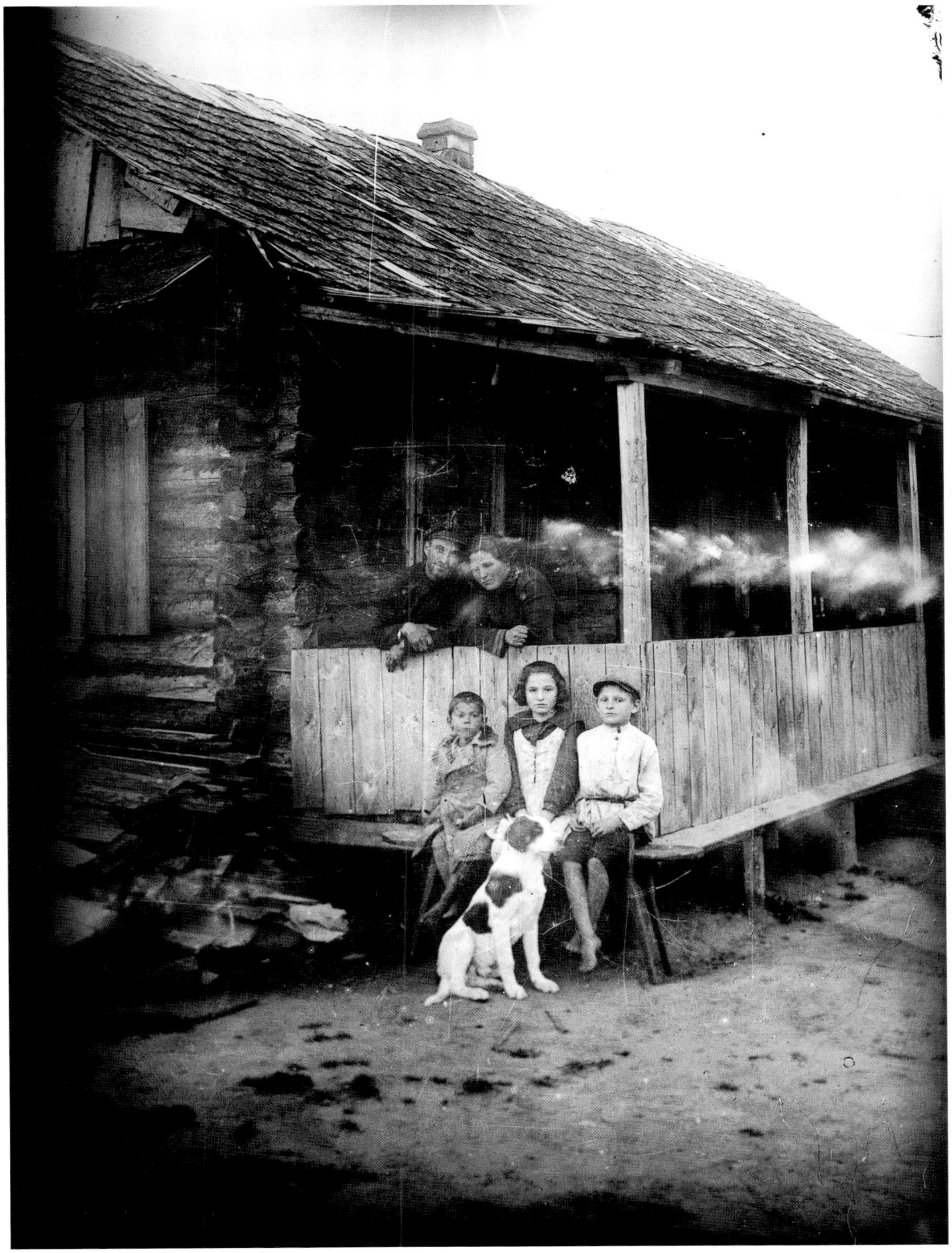

12

Famille de fermiers réunie sur le seuil du logis, colonie Khlebodarovka, Starobin, Biélorussie

Farmer's family outside their house, Khlebodarovka colony, Starobin, Belarus

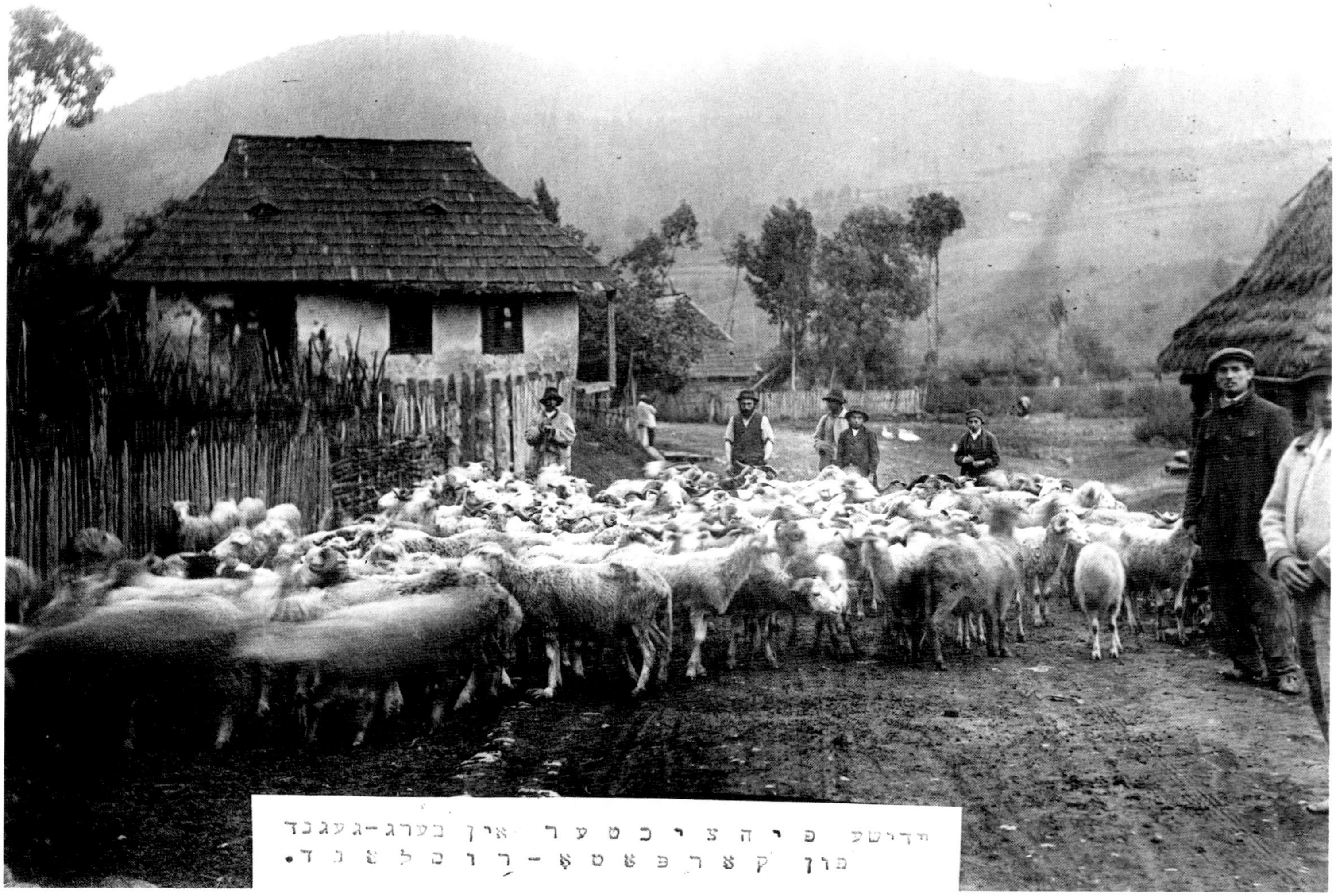

13

« Éleveurs juifs dans la région montagneuse de la Russie carpatique »,
Ukraine

"Jewish sheep farmers in the mountainous region of Carpathian Russia",
Ukraine

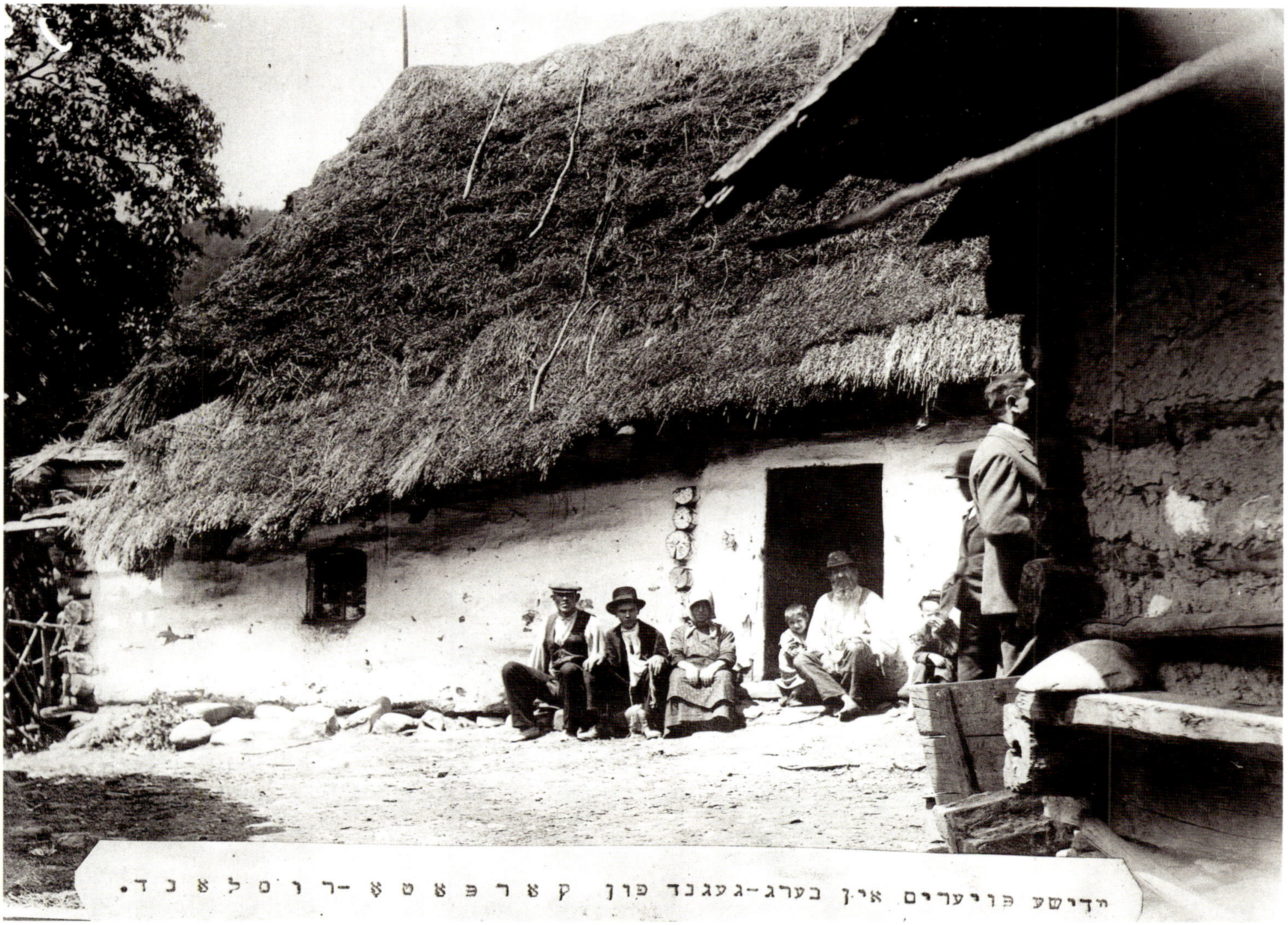

14

« Paysans juifs dans la région montagneuse de la Russie carpatique », Ukraine

"Jewish peasants in the mountainous region of Carpathian Russia", Ukraine

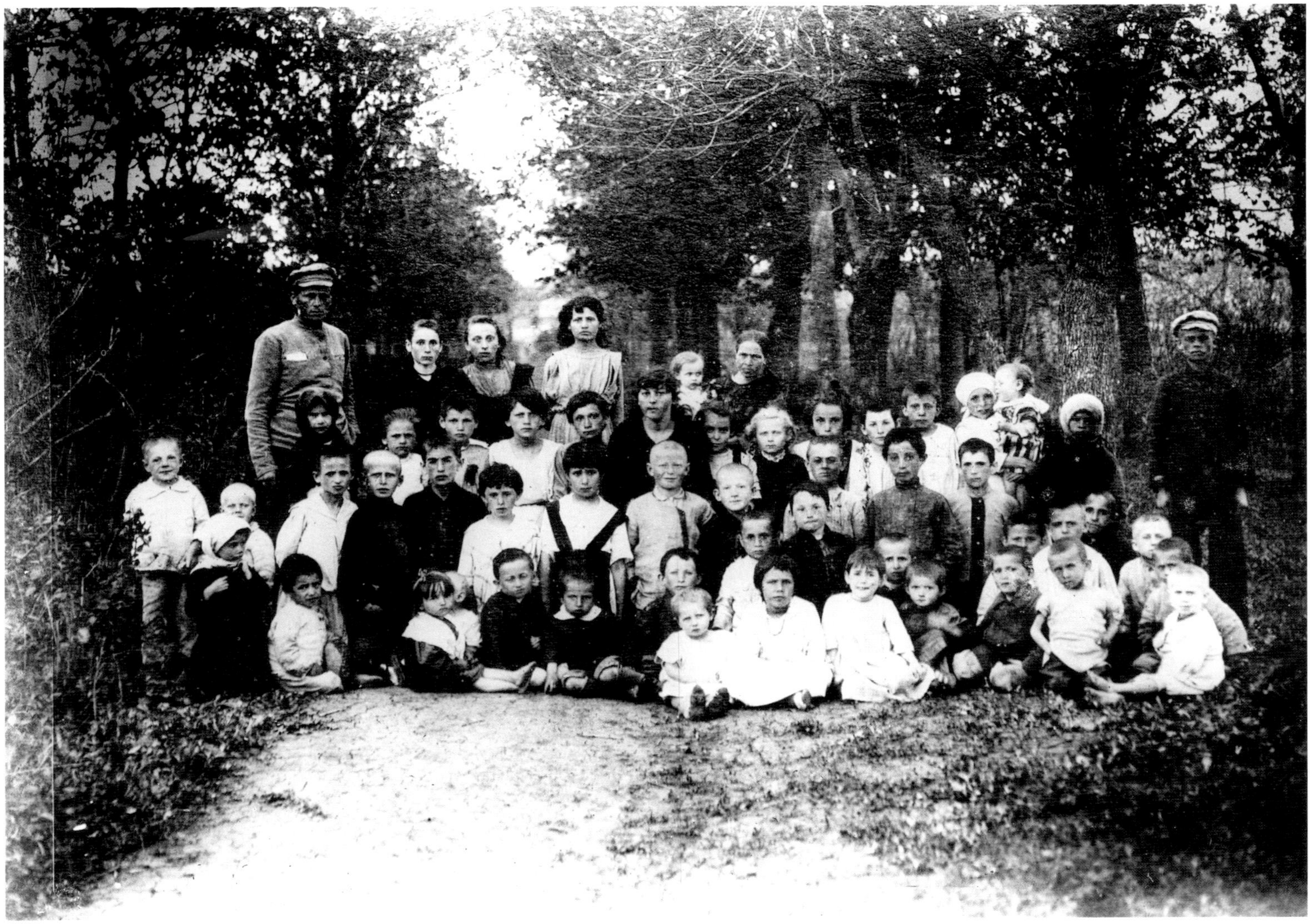

15

Maison d'enfants de la colonie Grafskaïa, canton de Marioupol, gouvernement d'Ekaterinoslav, République socialiste soviétique d'Ukraine, mai 1922

Children's home at the Grafskaïa colony, canton of Mariupol, government of Ekaterinoslav, Soviet Socialist Republic of Ukraine, May 1922

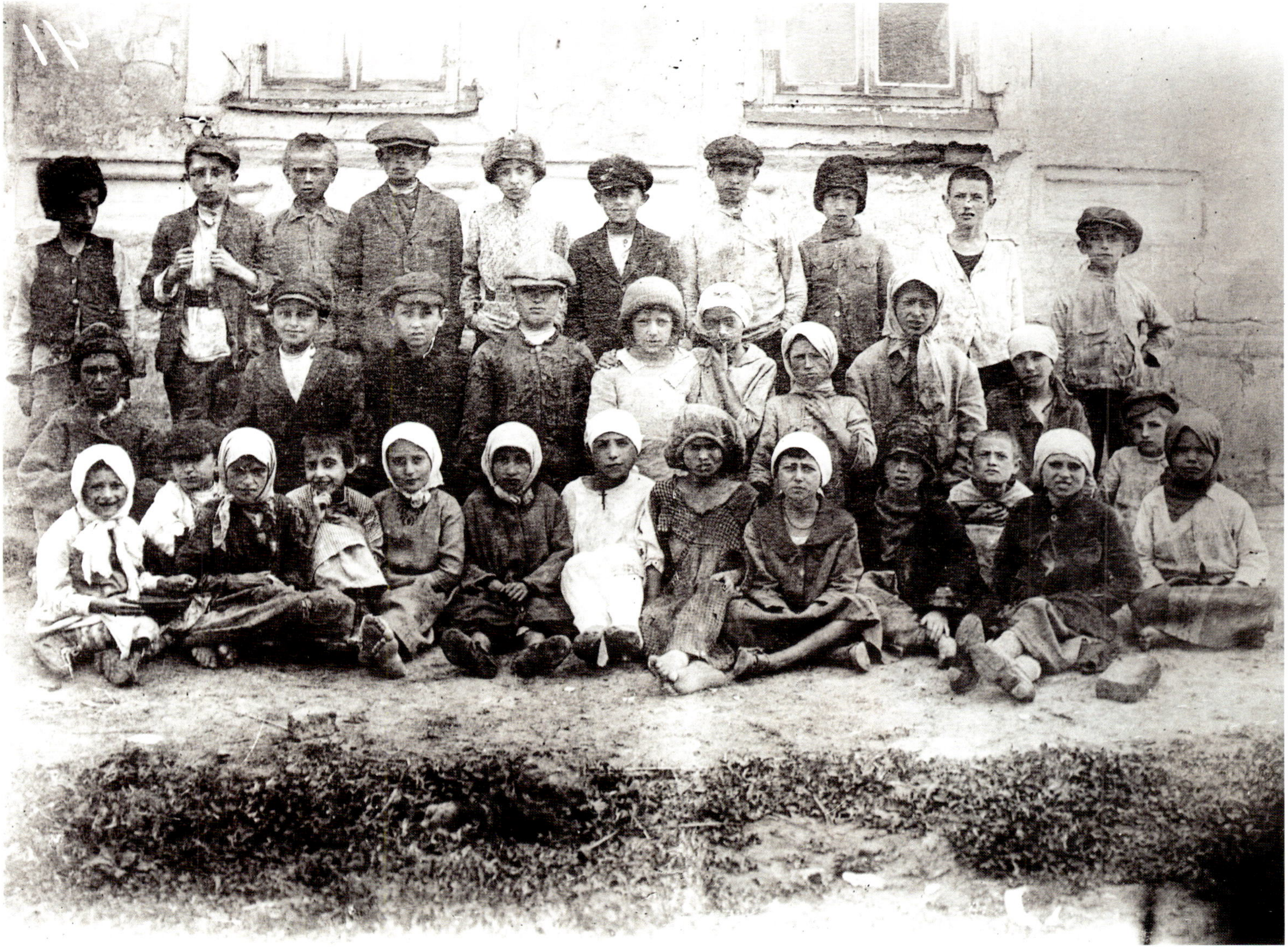

16

Les orphelins de la colonie n° 1, Novo Zlatopol, canton de Gouliaï-Polé, gouvernement d'Ekaterinoslav, République socialiste soviétique d'Ukraine, mai 1922

The orphans of colony no. 1, Novo Zlatopol, canton of Guliai-Pole, government of Ekaterinoslav, Soviet Socialist Republic of Ukraine, May 1922

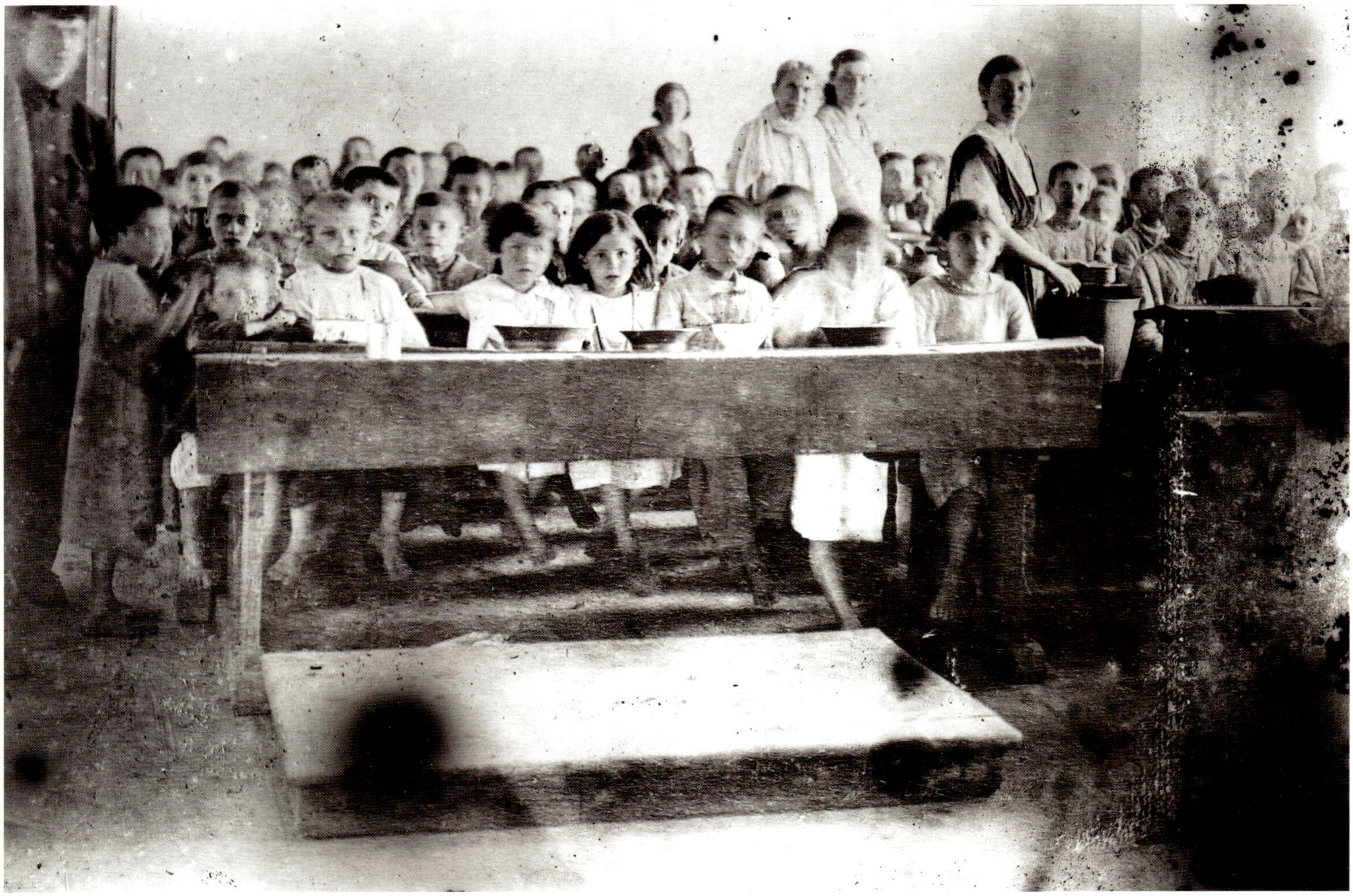

17

Déjeuner à l'orphelinat de la colonie Zelenopolye, canton de Marioupol, gouvernement d'Ekaterinoslav, République socialiste soviétique d'Ukraine, mai 1922

Lunch at the orphanage of Zelenopolya colony, canton of Mariupol, government of Ekaterinoslav, Soviet Socialist Republic of Ukraine, May 1922

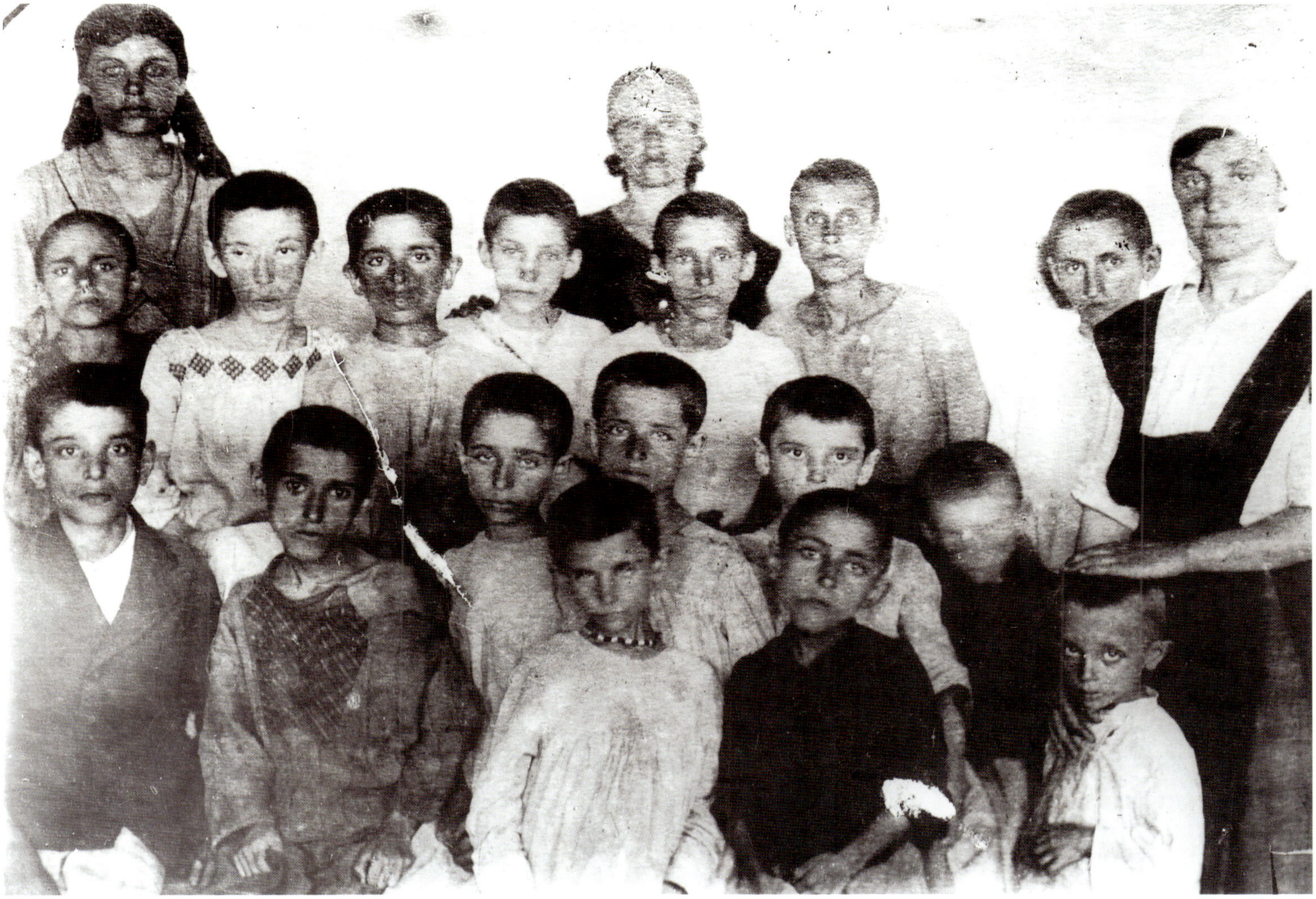

18

Enfants souffrant de malnutrition, colonie Zelenopolye, canton de Marioupol, gouvernement d'Ekaterinoslav, République socialiste soviétique d'Ukraine, mai 1922

Children suffering from malnutrition, Zelenopolya colony, canton of Mariupol, government of Ekaterinoslav, Soviet Socialist Republic of Ukraine, May 1922

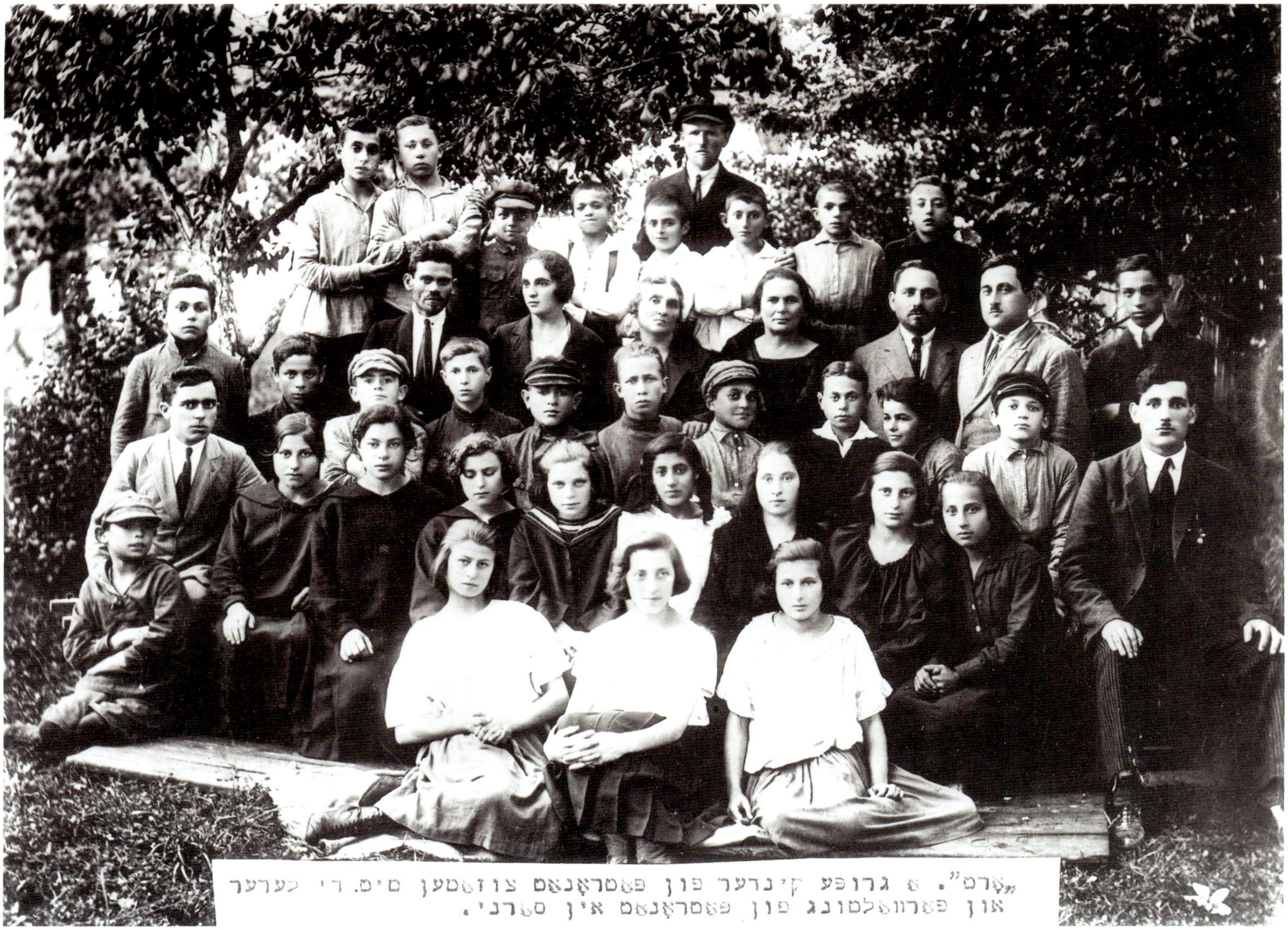

19

« Groupe d'enfants posant avec leurs professeurs et des membres de l'administration de l'internat de Sarny », école Porsonam à Sarny, Volhynie, Pologne

"Group of children posing with their teachers and members of the administration of the Sarny boarding school", Porsonam school at Sarny, Volhynia, Poland

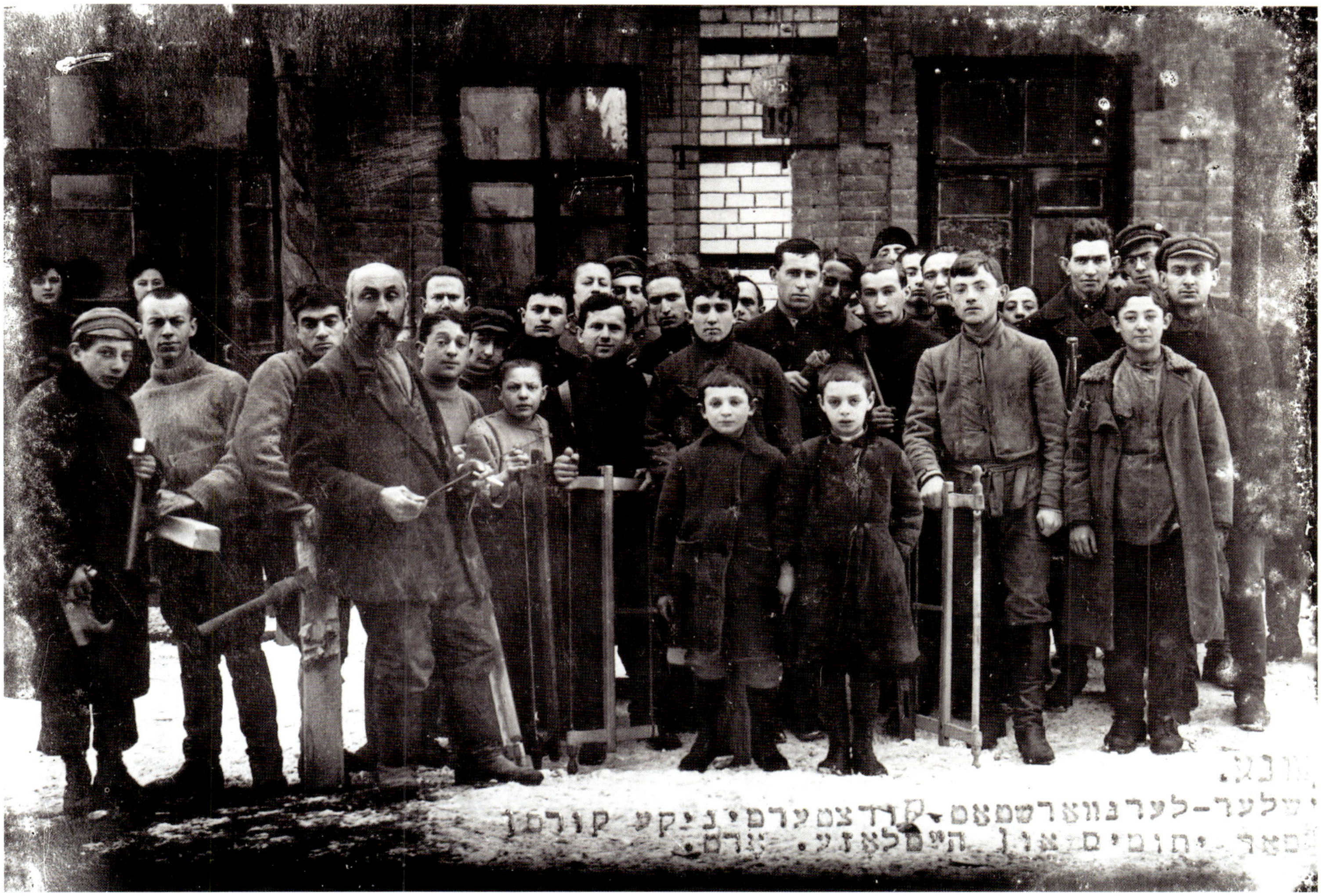

20

« Rovne. Atelier d'apprentissage de menuiserie (tables).
Formation de courte durée pour les orphelins et les sans-abri », Rovno, Volhynie, Pologne

"Rovne. Joinery apprentice workshop (tables).
Short training for orphans and the homeless", Rovno, Volhynia, Poland

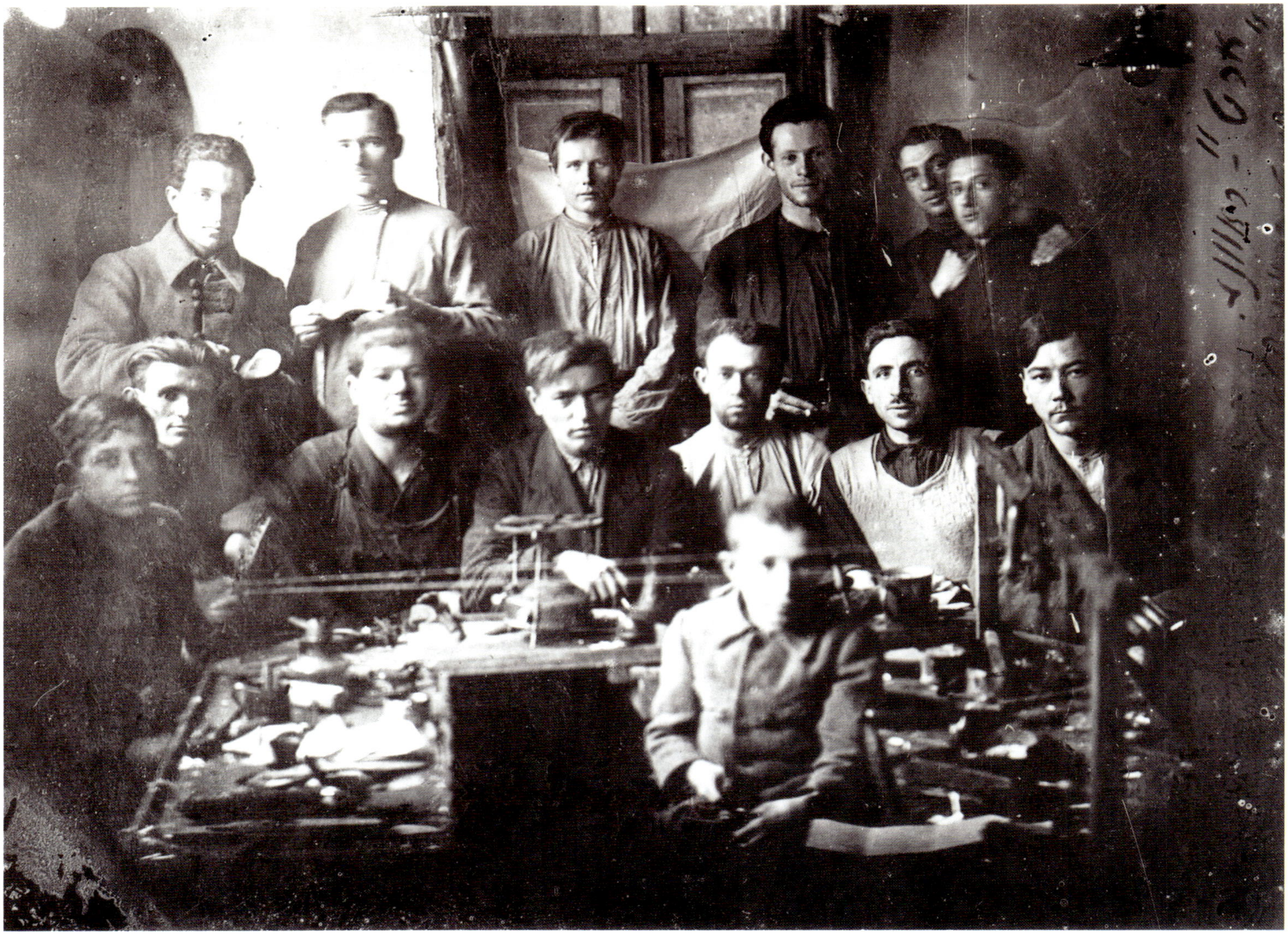

21

« Dans le local de l'atelier, janvier 1922 », atelier de cordonnerie pour les sans-abri dans une coopérative créée par l'ORT en avril 1921, Rovno, Volhynie, Pologne

"In the workshop, January 1922", shoemaking workshop for the homeless in a cooperative created by ORT in April 1921, Rovno, Volhynia, Poland

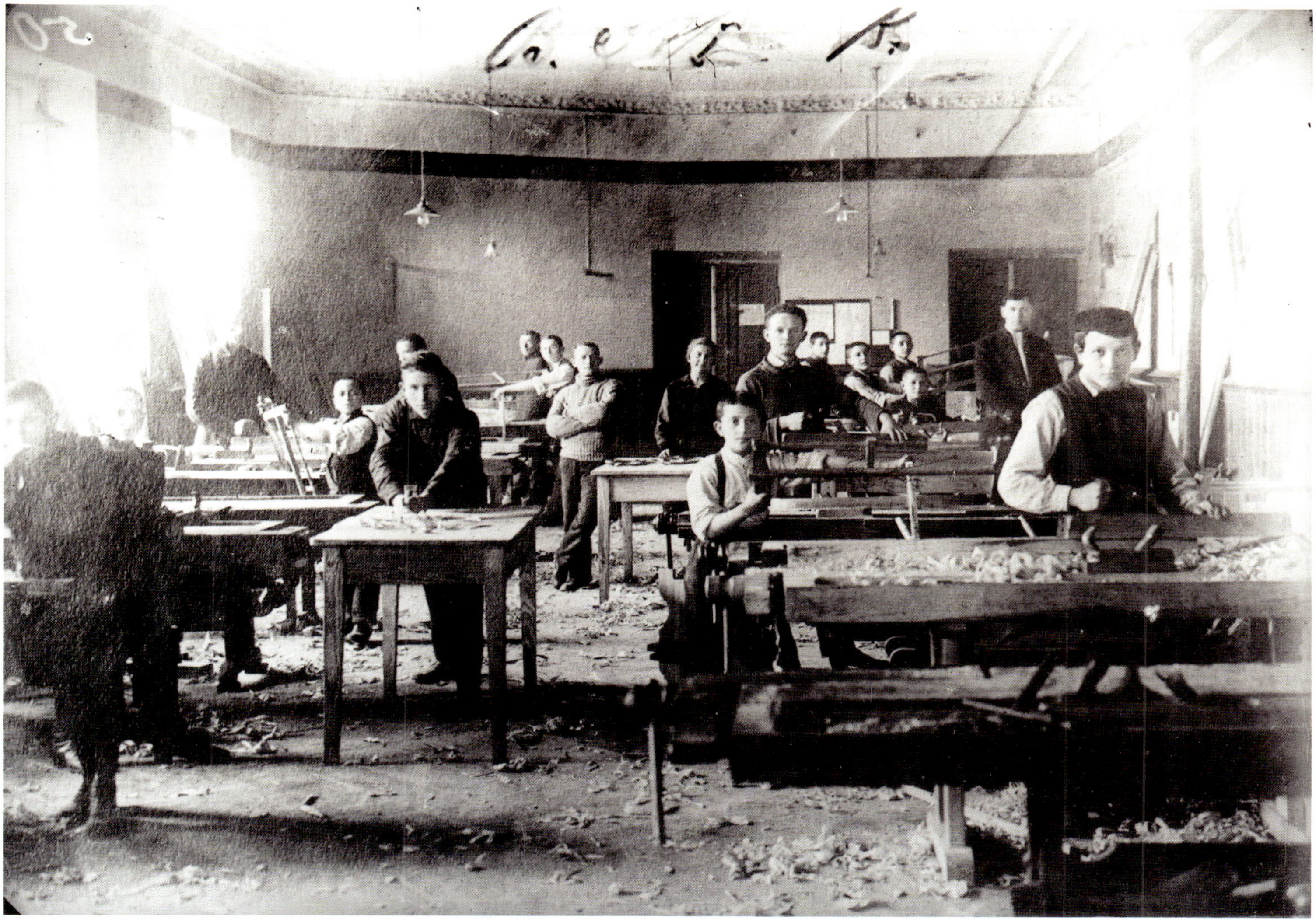

22

Atelier d'ébénisterie de l'école ORT, Piotrkow Trybunalski, Pologne

Furniture-making workshop at the ORT school, Piotrkow Trybunalski, Poland

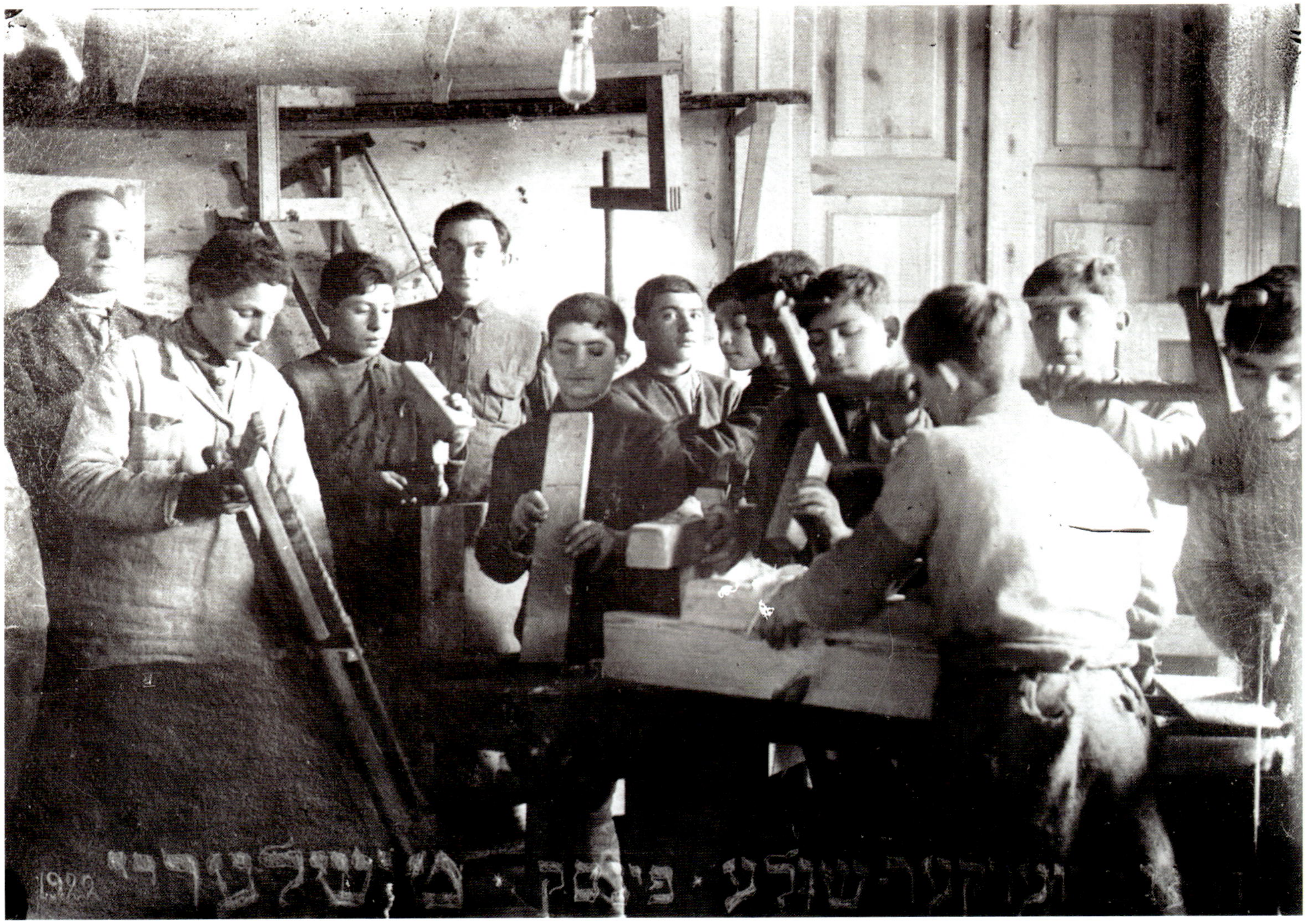

23

« École d'apprentissage à Pinsk – ébénisterie, 1922 »,
Pinsk, Pologne

"Apprentice school at Pinsk – furniture making, 1922",
Pinsk, Poland

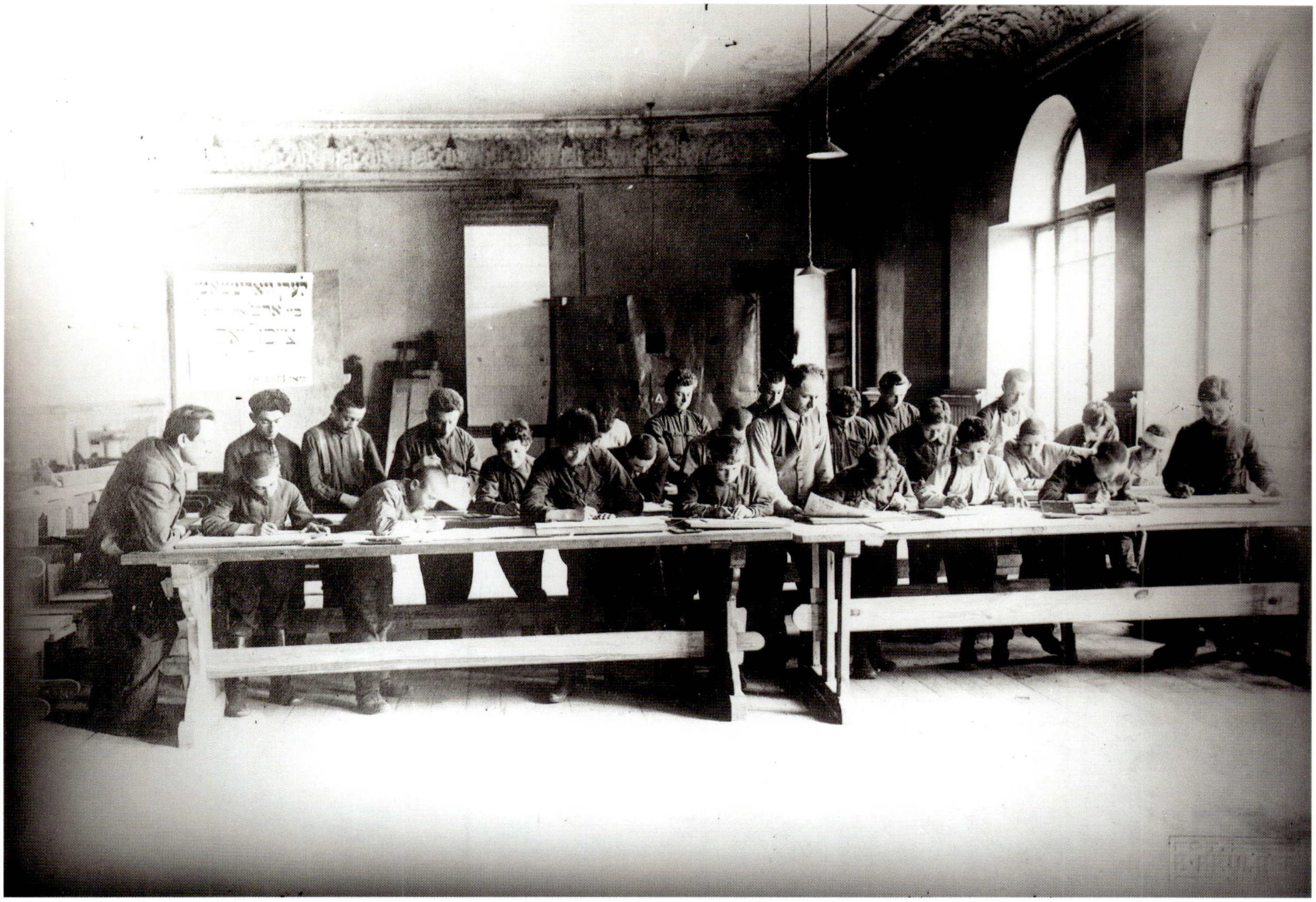

24

« Atelier d'apprentissage de l'ORT, salle de dessin, Vilne, mai 1923 », Wilno, Pologne

"ORT apprentice workshop, drawing room, Vilne, May 1923", Wilno, Poland

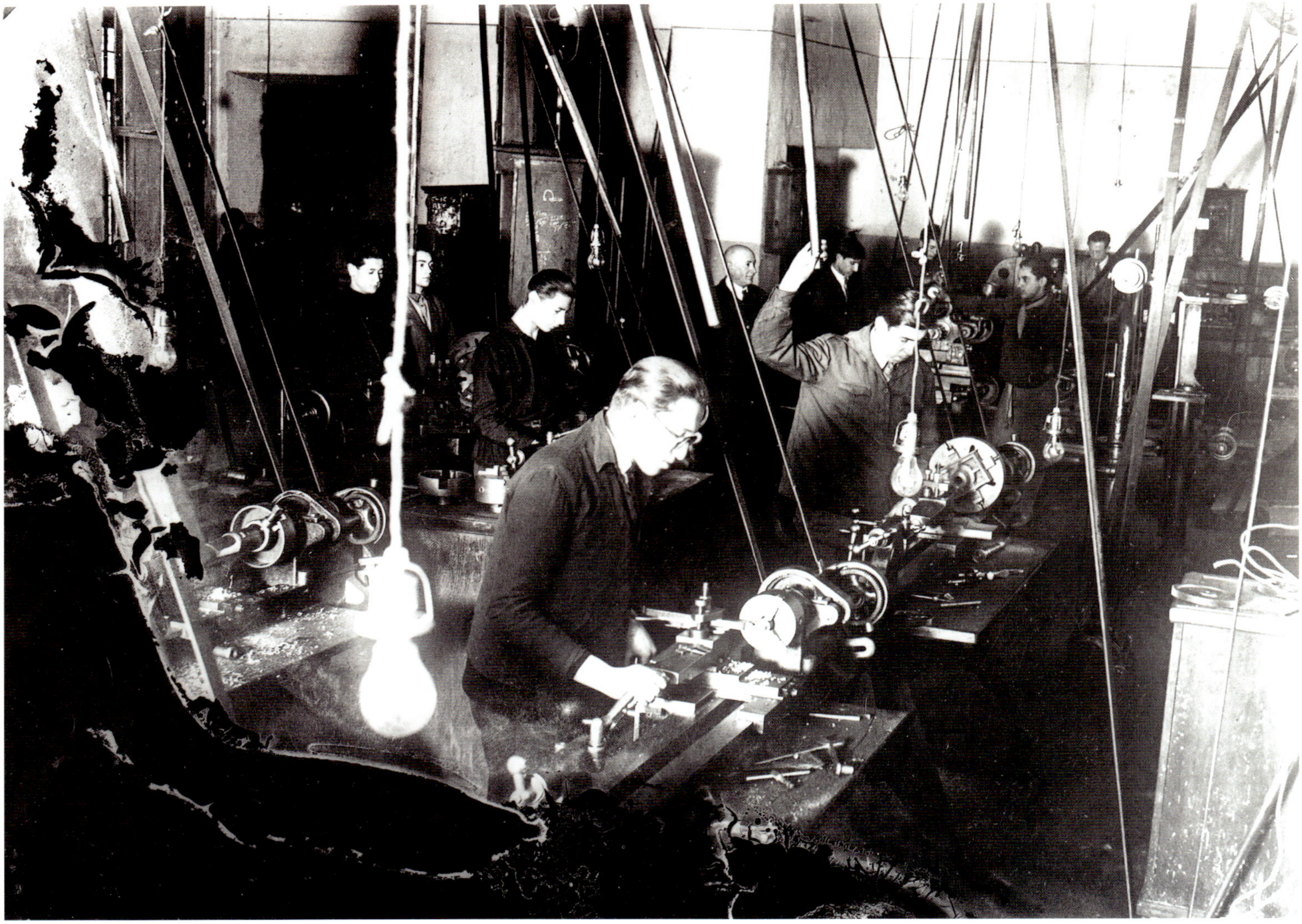

25

Atelier de métallurgie de précision, Technicum de Wilno, Pologne

Precision metalworking workshop, Wilno Technicum, Poland

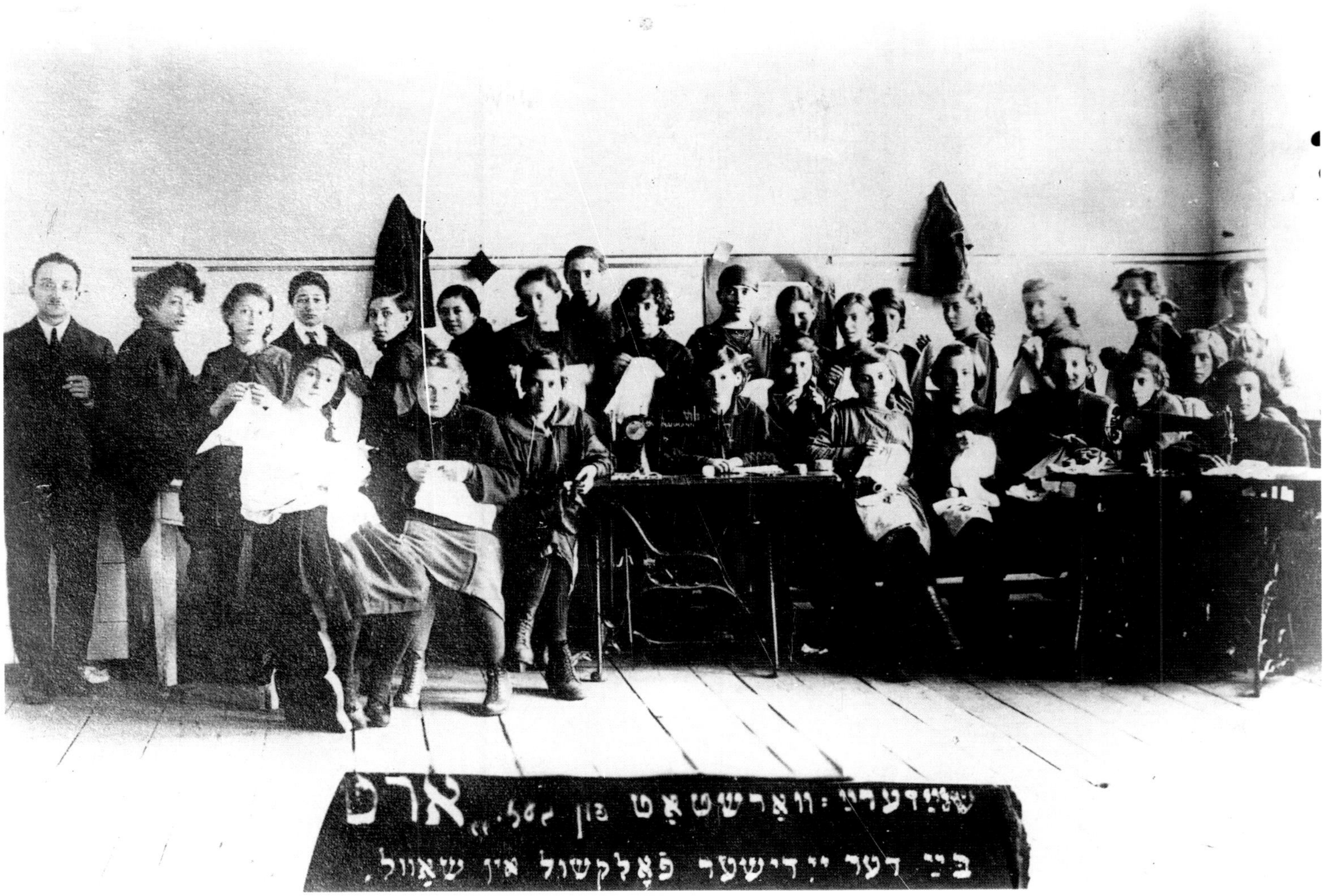

26

« Atelier de couture de la société ORT à l'école primaire de Chavel », Chavli, Lituanie, 1924

"ORT society sewing workshop at the Shavel primary school", Shavli, Lithuania, 1924

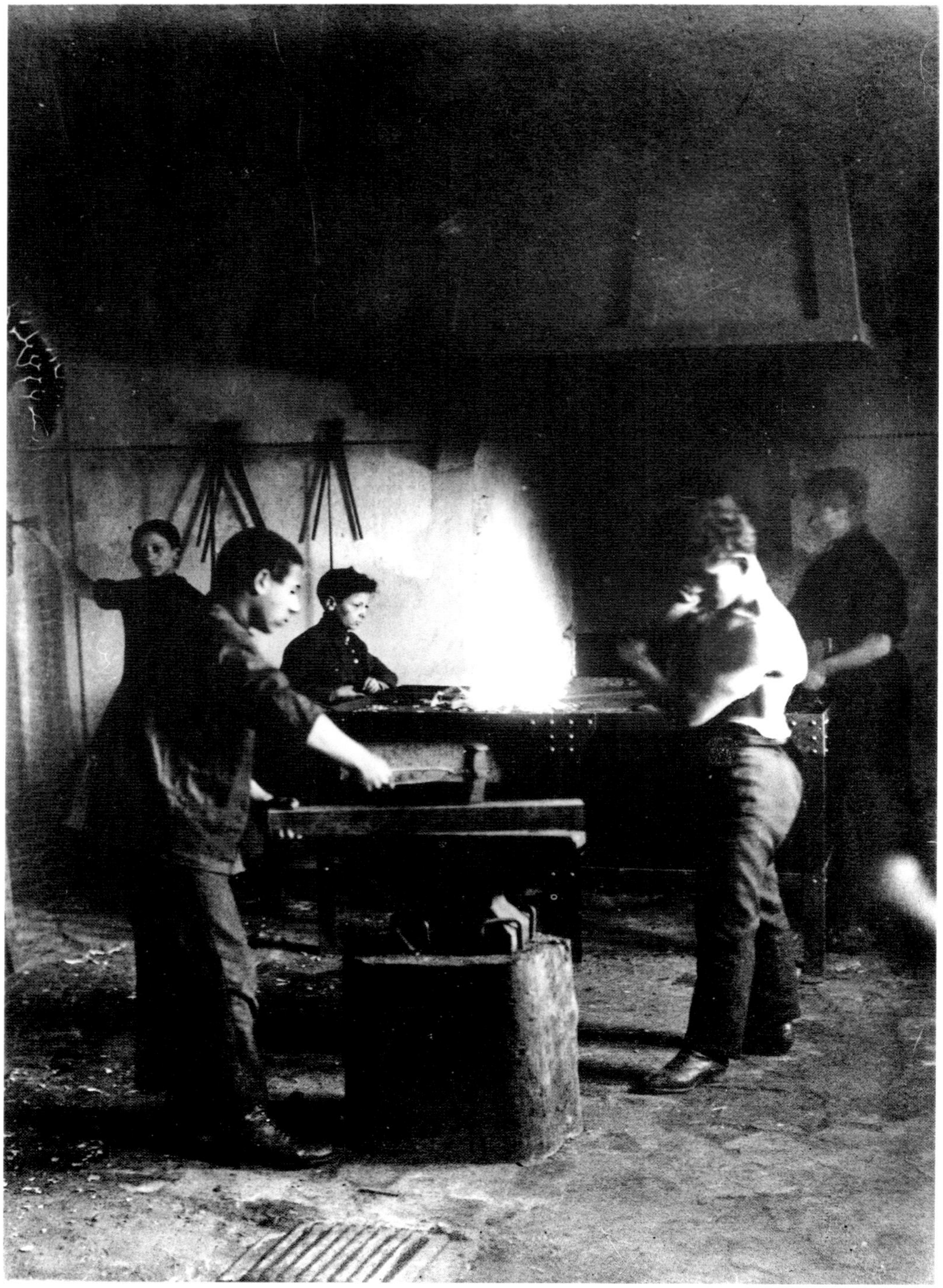

27

Forge de l'école d'apprentissage des métiers manuels de l'ORT,
Liepaja, Lettonie

"Forge of the ORT manual trades apprentice school",
Liepaja, Latvia

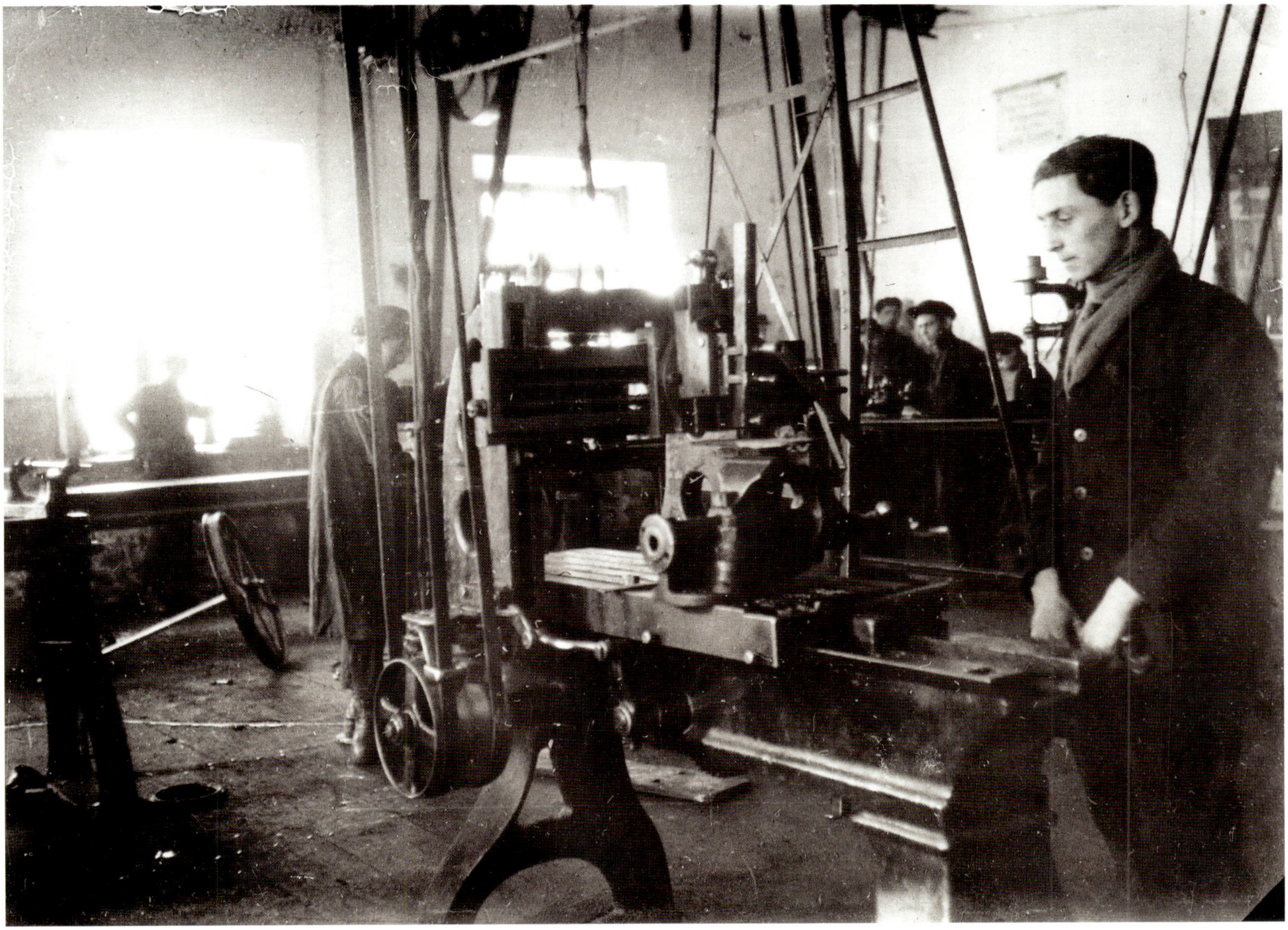

28

Atelier de serrurerie de l'école professionnelle Trud (travail en russe), Kichinev, Bessarabie, Roumanie

Metalworking workshop in the Trud (work in Russian) trade school, Kishinev, Bessarabia, Romania

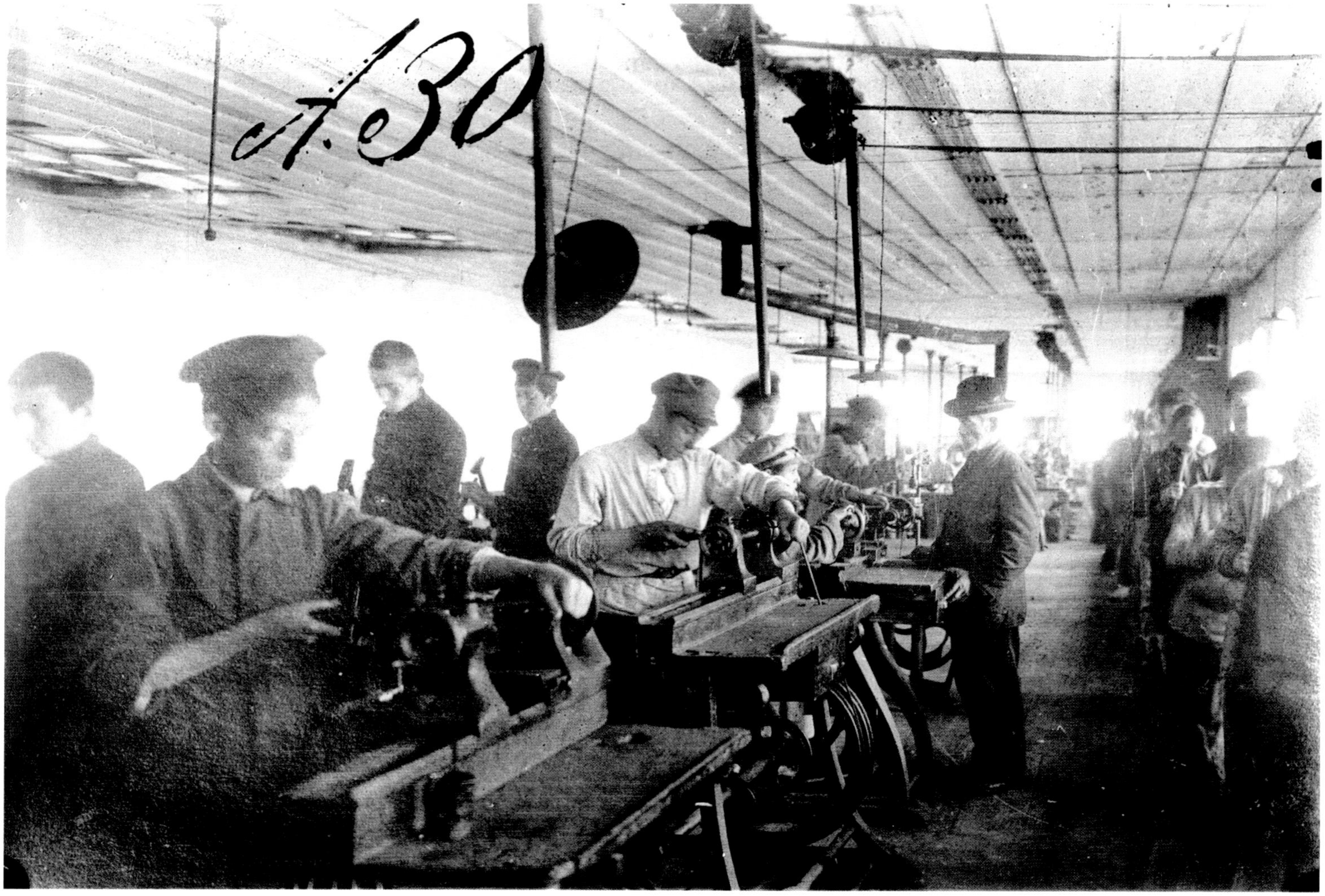

29

Atelier d'apprentissage de serrurerie, Odessa, Ukraine, URSS

Metalworking apprentice workshop, Odessa, Ukraine, USSR

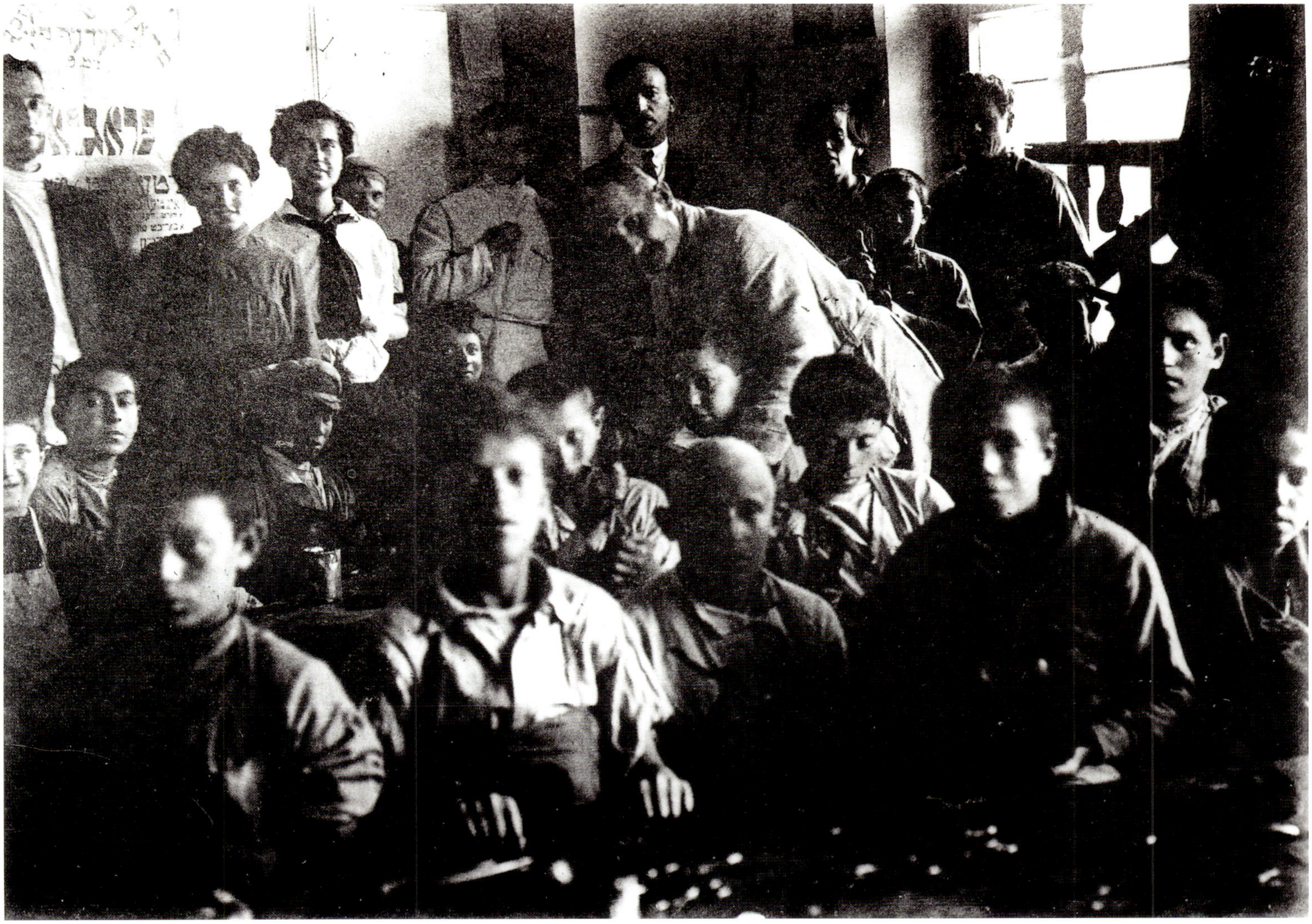

30

Dans un atelier de cordonnerie, école juive de Kiev, Ukraine, URSS

In a shoemaking workshop, Jewish school in Kiev, Ukraine, USSR

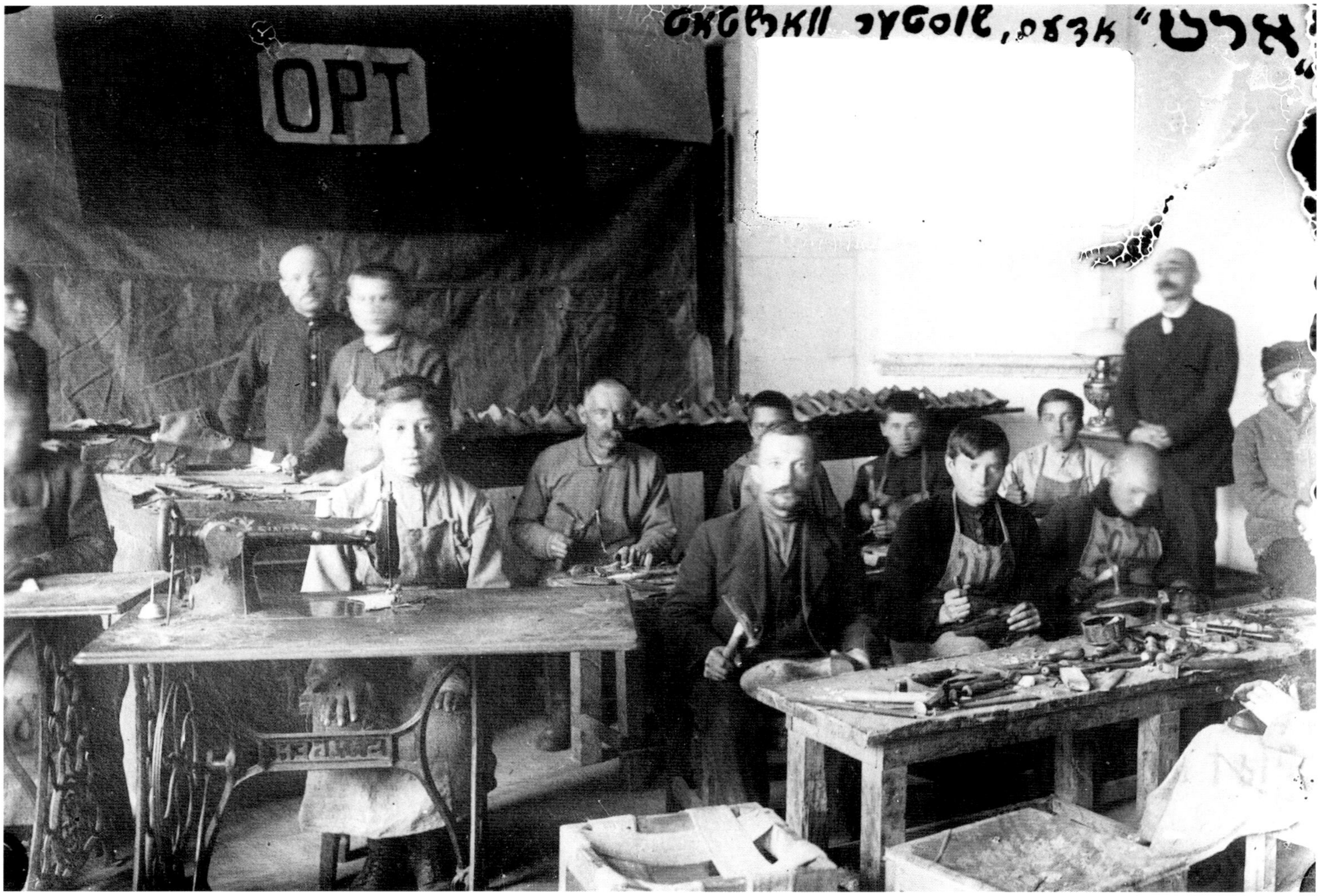

31

« ORT Odessa, atelier de cordonnerie », Odessa, Ukraine, URSS

"ORT Odessa, shoemaking workshop", Odessa, Ukraine, USSR

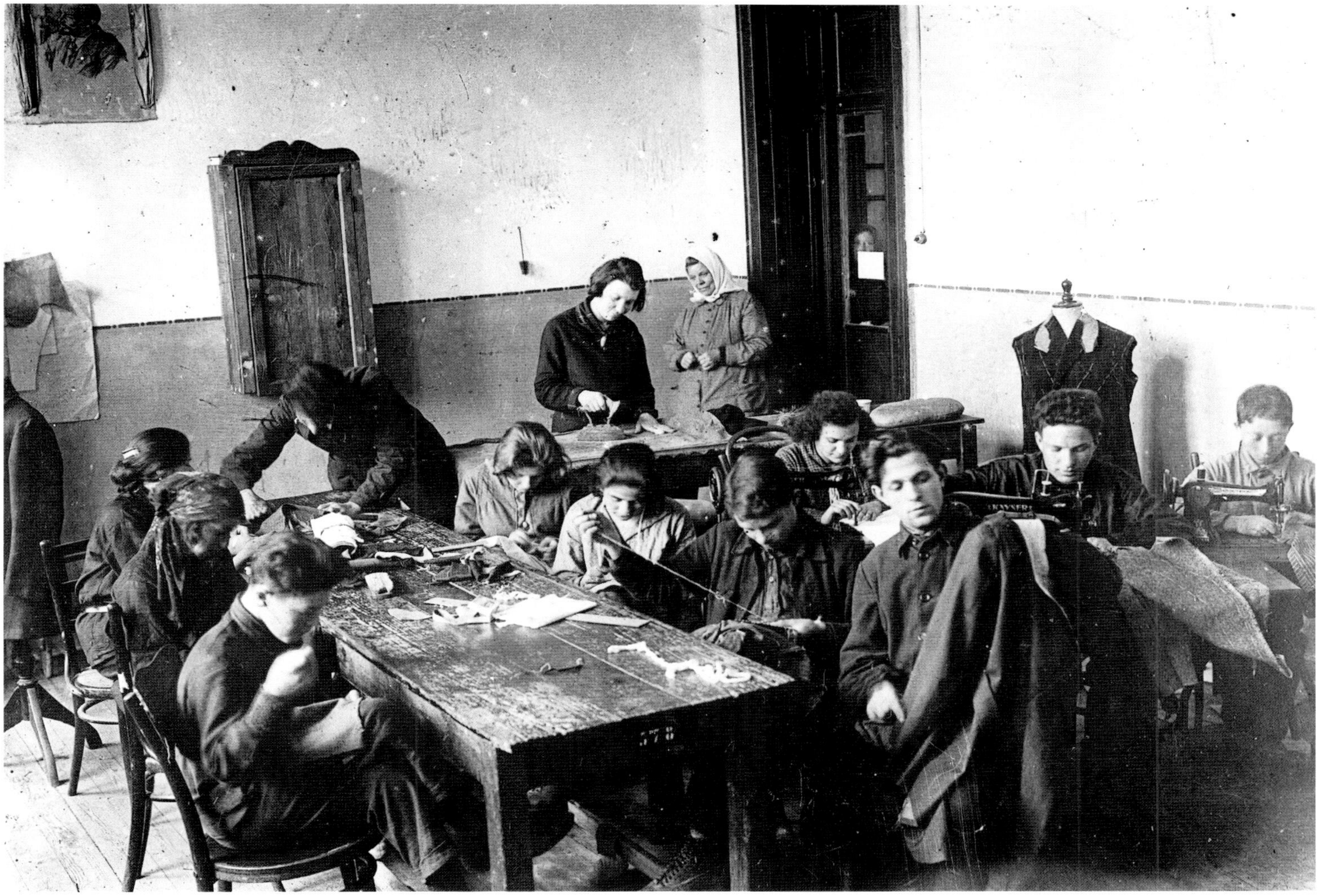

32

Atelier de confection de l'école professionnelle Koustari (artisans en russe), Odessa, Ukraine, URSS

Clothes-making workshop at Kustari (artisans in Russian) trade school, Odessa, Ukraine, USSR

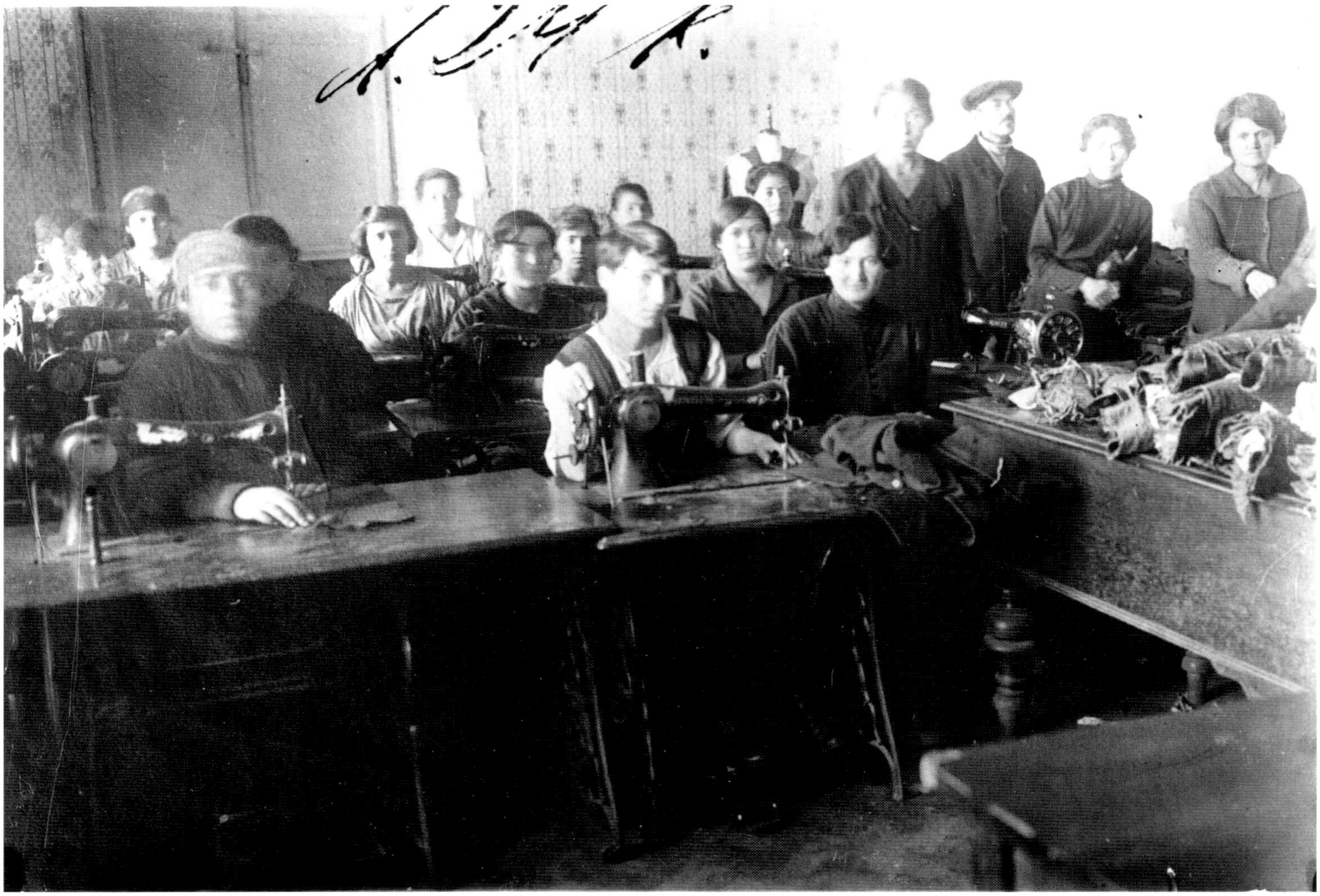

33

Classe de couture, Odessa, Ukraine, URSS

Sewing class, Odessa, Ukraine, USSR

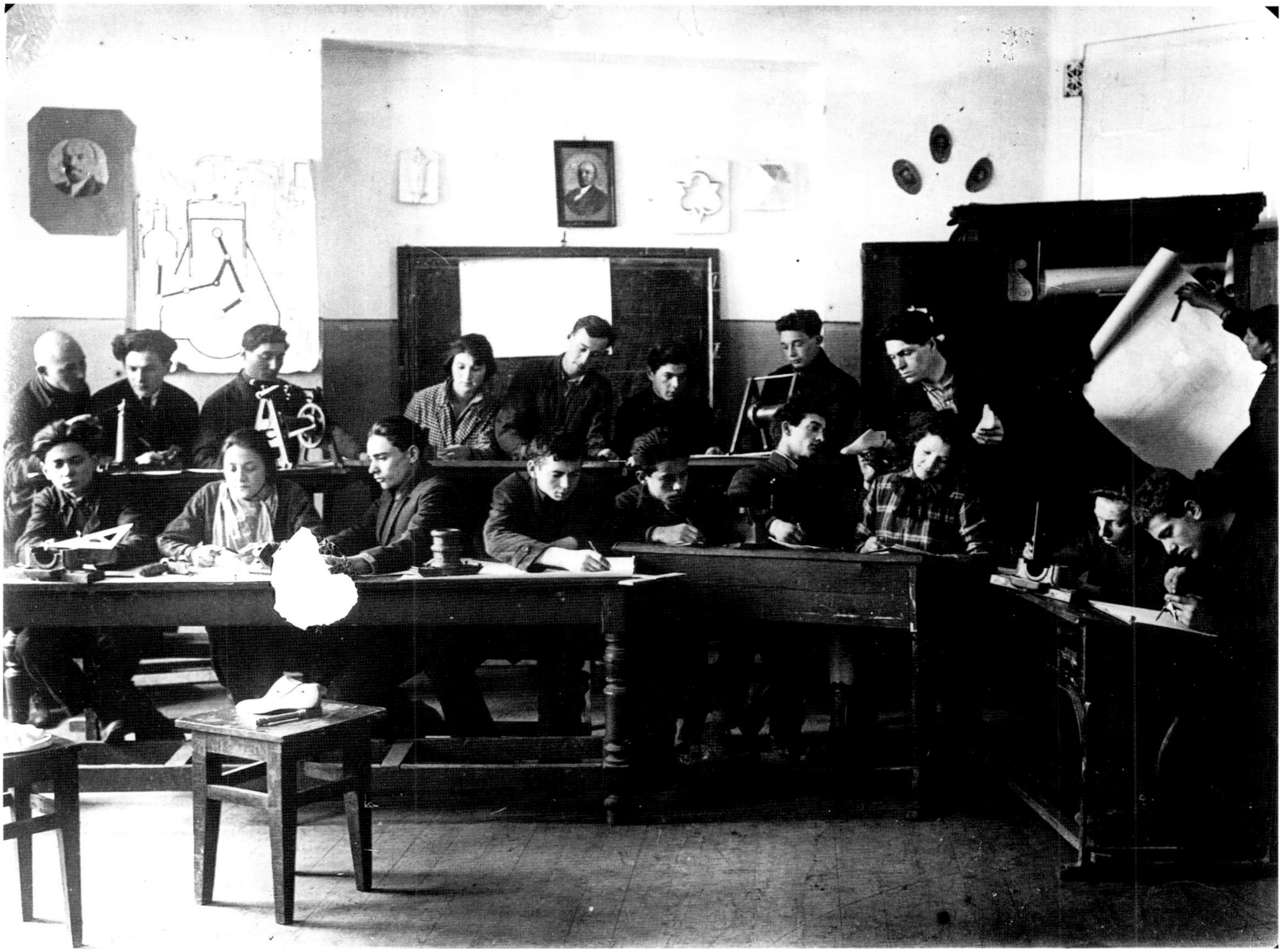

34

Cours du soir de dessin appliqué pour adultes, école Koustari (artisans en russe), Odessa, Ukraine, URSS, janvier 1929

Evening classes in applied drawing for adults, Kustari (artisans in Russian) school, Odessa, Ukraine, USSR, January 1929

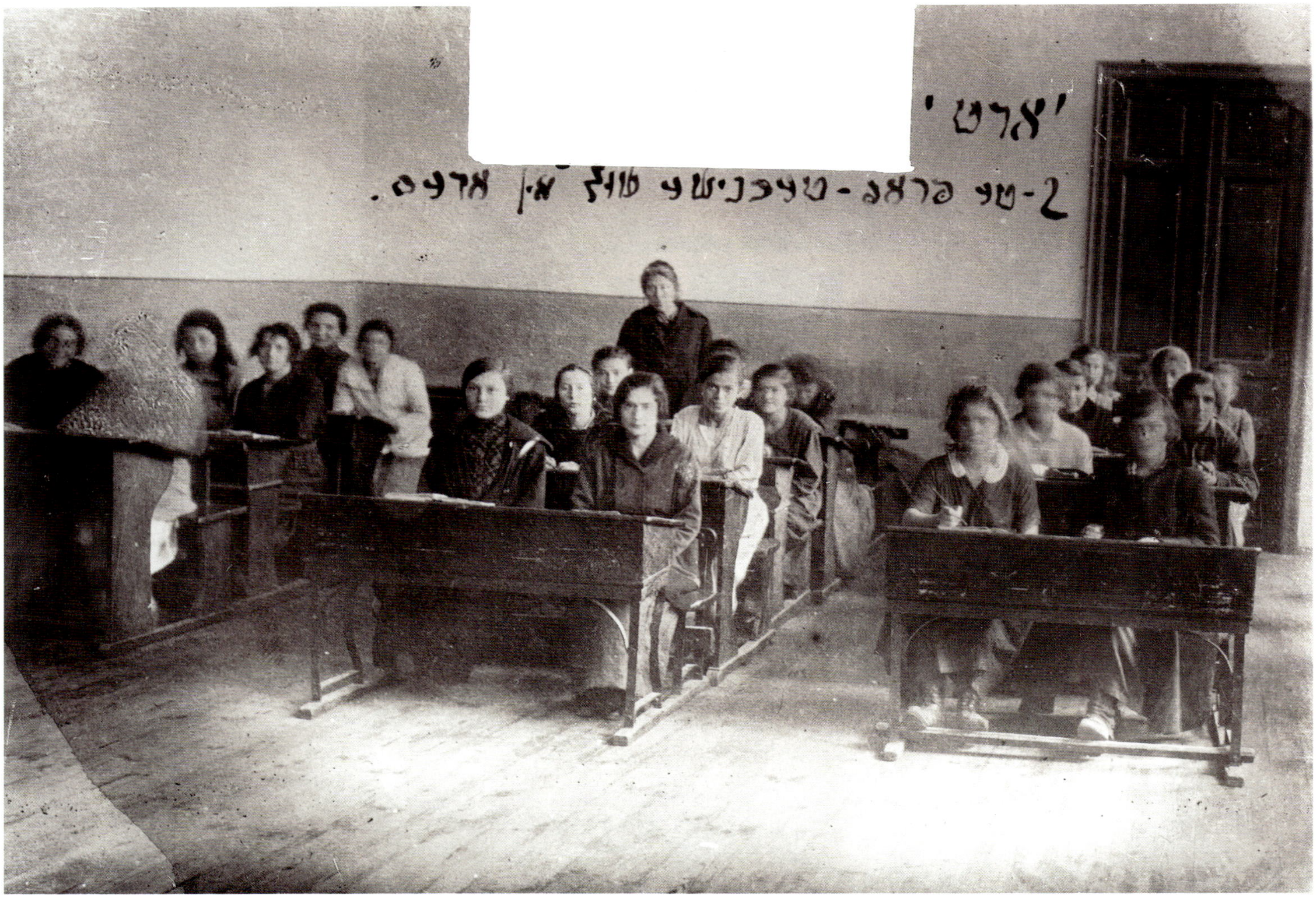

35

« ORT. Cours de deuxième année à l'école technique professionnelle d'Odessa », Odessa, Ukraine, URSS

"ORT. Second year course at the Odessa trade school", Odessa, Ukraine, USSR

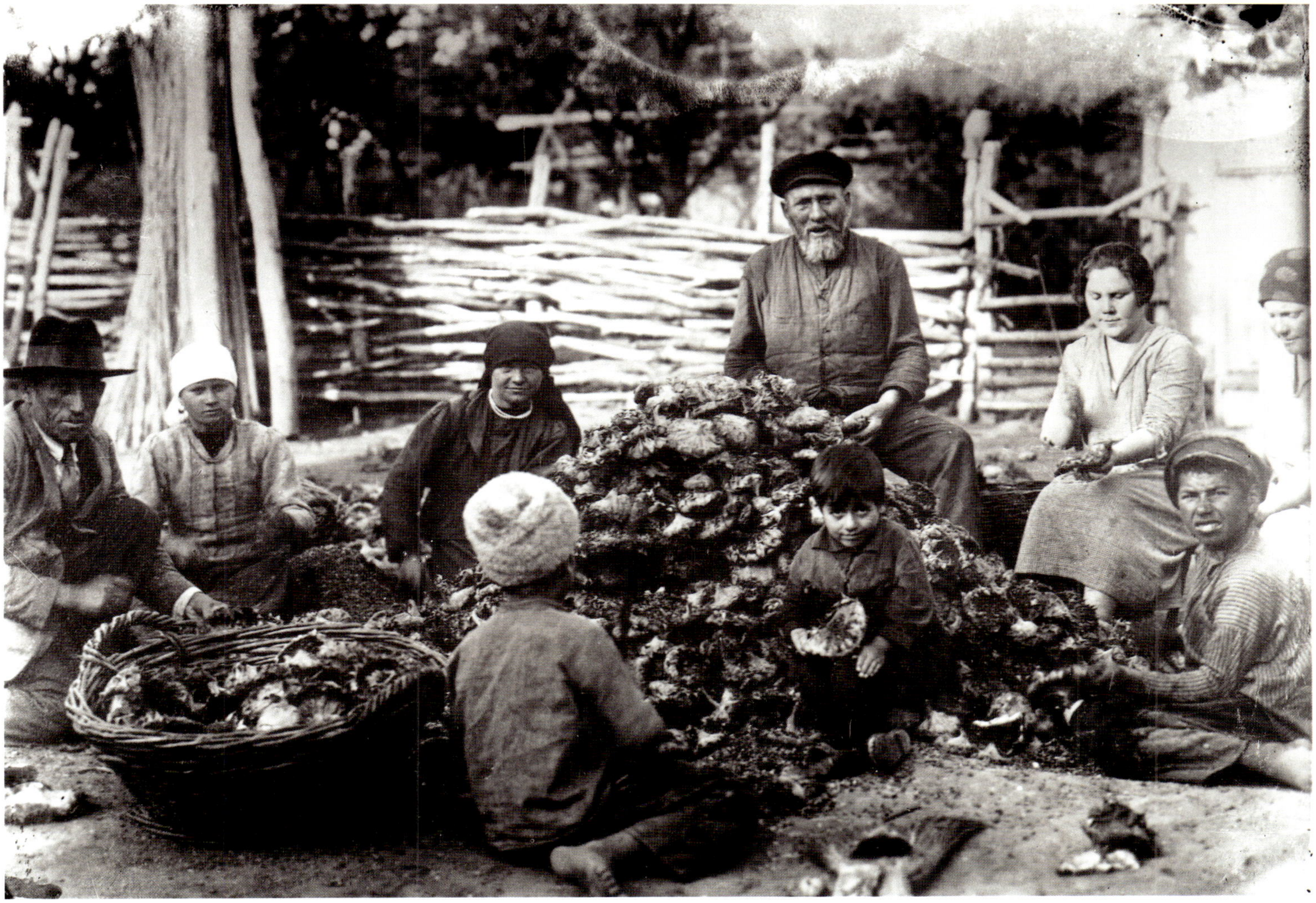

36

Un paysan juif et sa famille extraient les graines des tournesols. Colonie juive soutenue par l'ORT, Bessarabie, Roumanie

A Jewish farmer and his family extract seeds from sunflowers. Jewish colony supported by ORT, Bessarabia, Romania

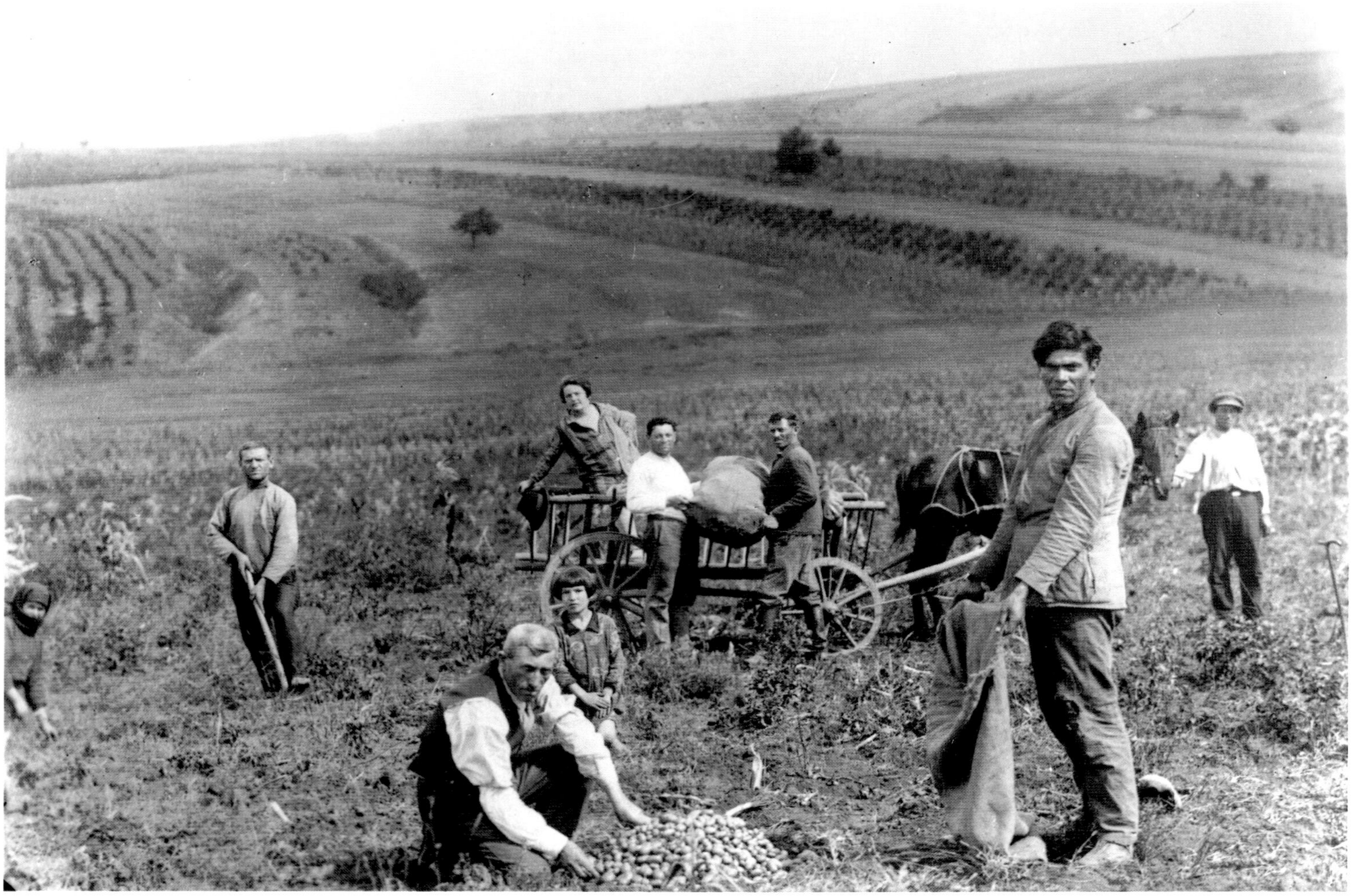

37

Paysans récoltant des pommes de terre, Peresetchina, Bessarabie, Roumanie

Peasants gathering potatoes, Peresechina, Bessarabia, Romania

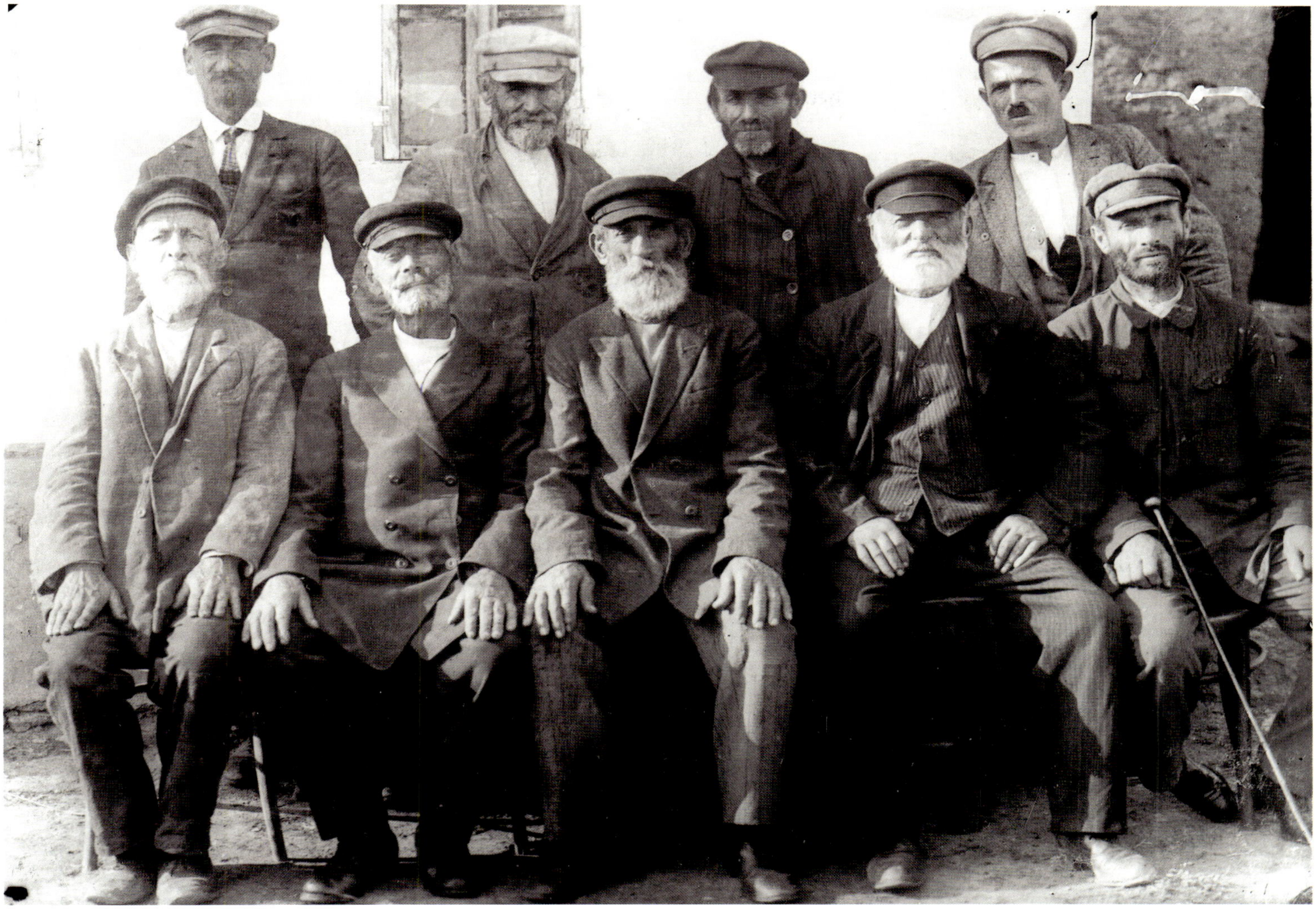

38

Groupe d'agriculteurs, Yzbehshto, canton d'Orgeiev, Bessarabie, Roumanie

Group of farmers, Yzbehshto, canton of Orgeyev, Bessarabia, Romania

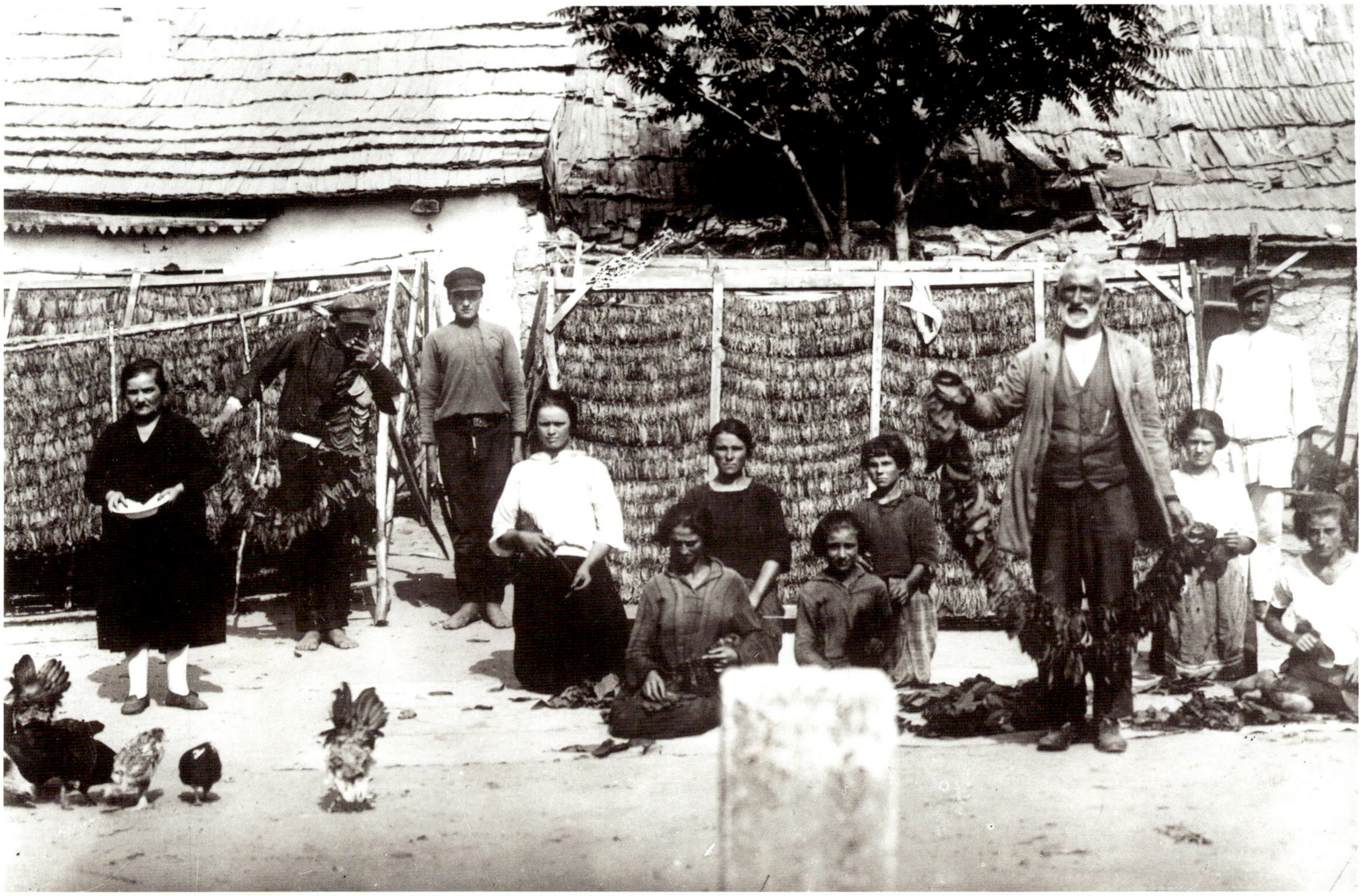

39

Travailleurs agricoles devant des suspensoirs à faire sécher le tabac, colonie Mochkaders, Bessarabie, Roumanie

Agricultural workers in front of hangers for drying tobacco, colony of Mochkaders, Bessarabia, Romania

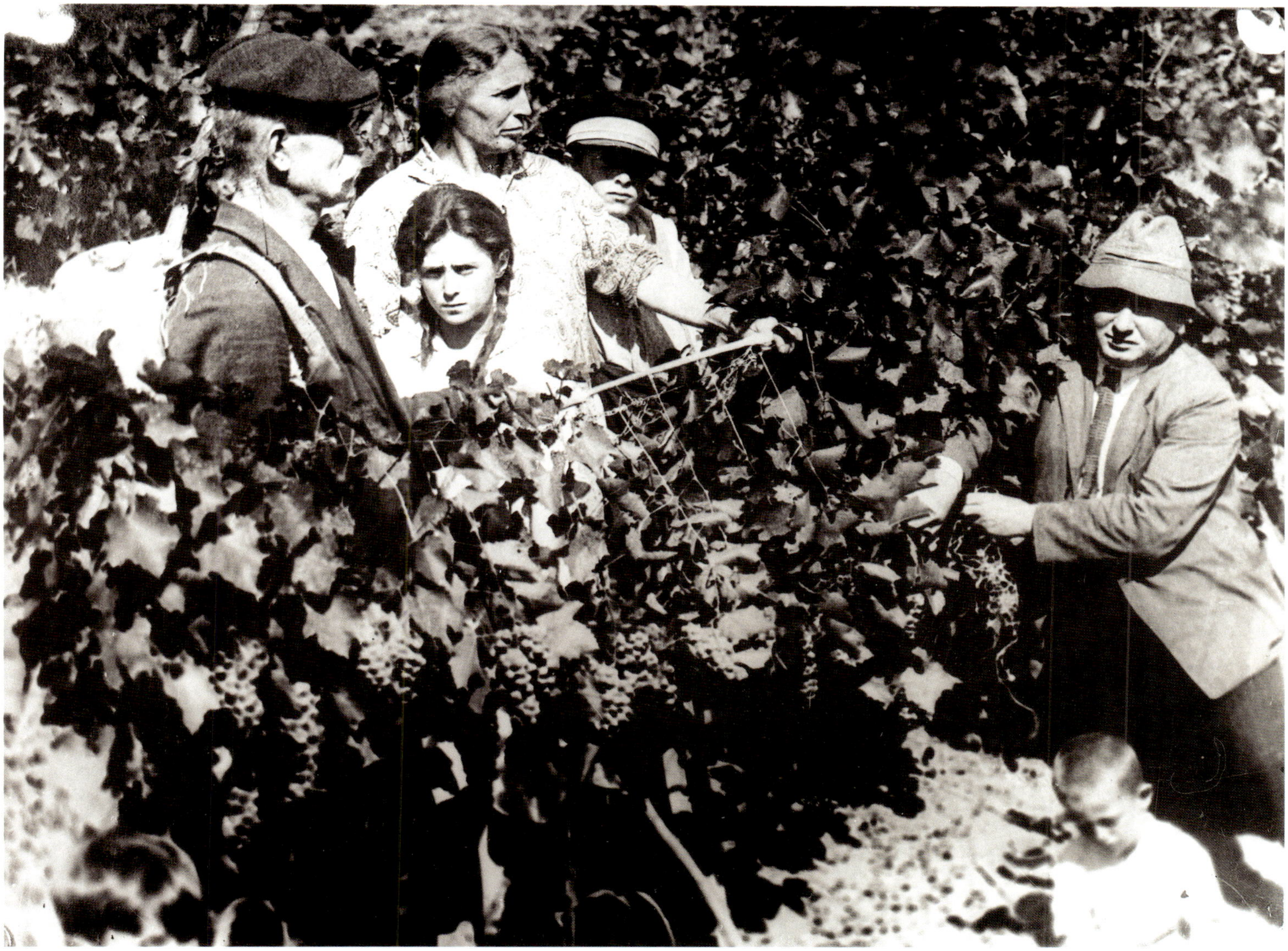

40

Démonstration du taillage de la vigne par un agronome de l'ORT, Bessarabie, Roumanie

Demonstration of vine trimming by an ORT agronomist, Bessarabia, Romania

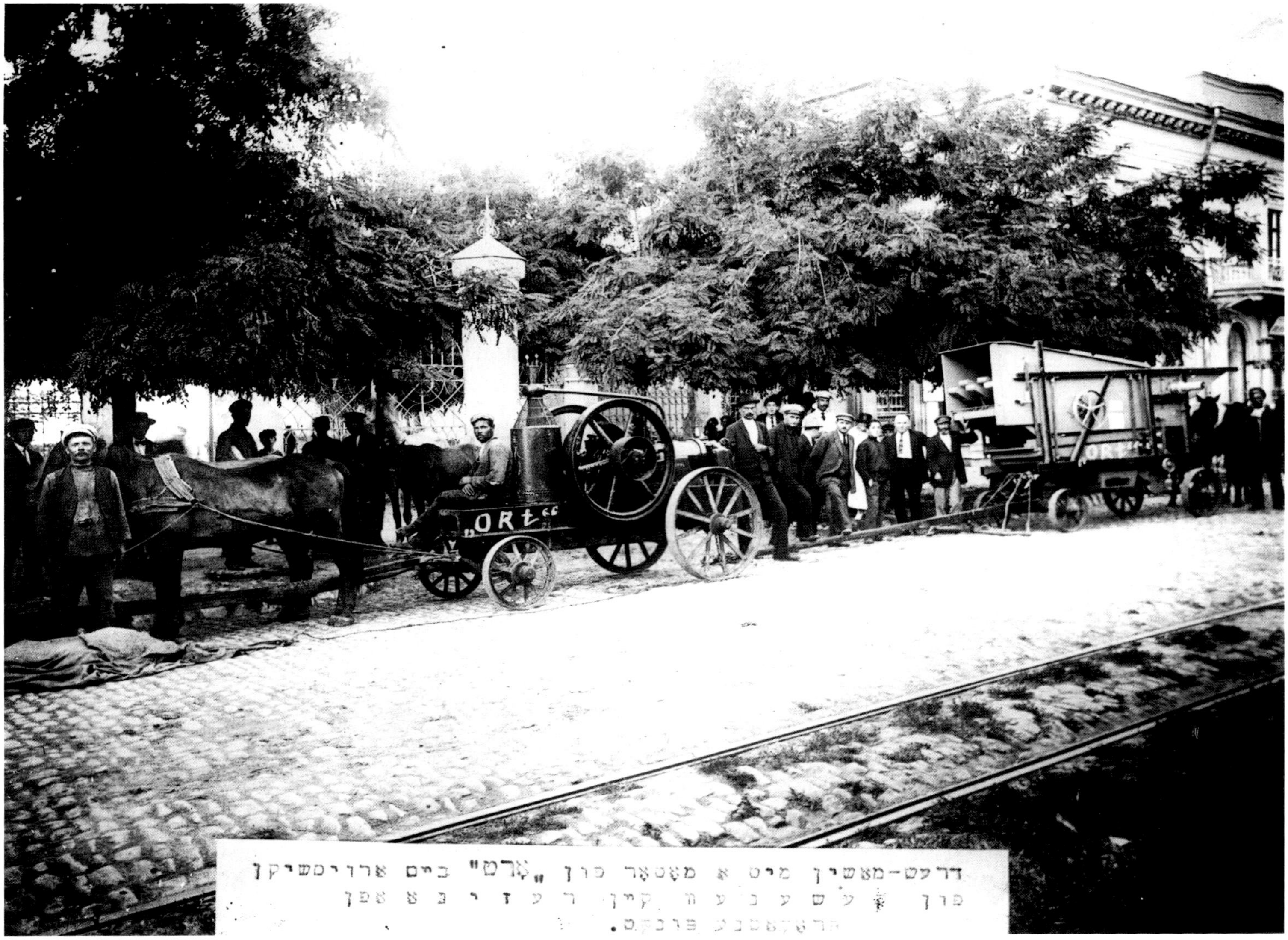

41

« Batteuses à moteur importées par l'ORT sur la route de Chisinau à Rezina », Bessarabie, Roumanie

"Motorised thresher imported by ORT on the road to Chisinau at Rezina", Bessarabia, Romania

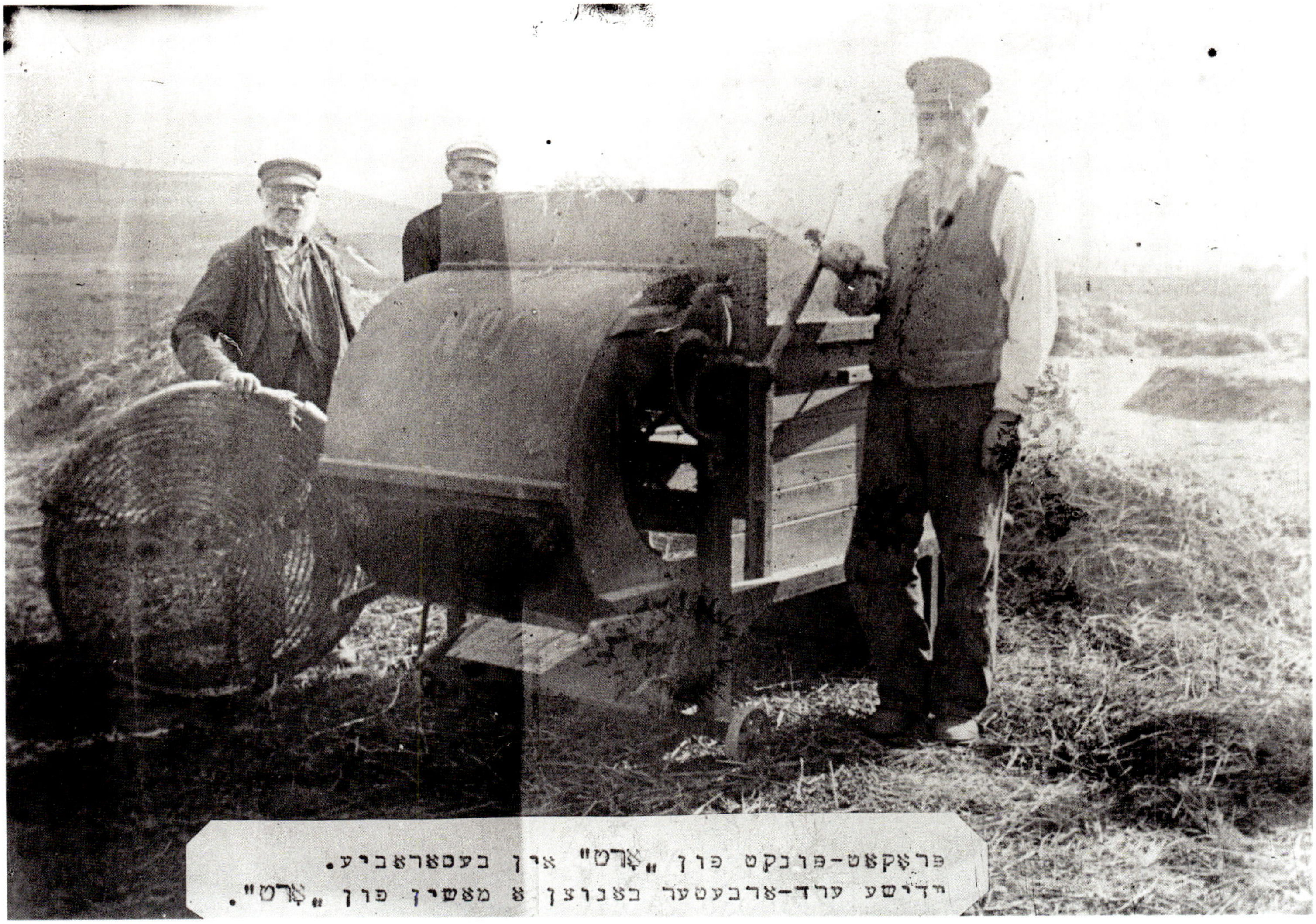

42

« Vanneuse importée par l'ORT et utilisée par des ouvriers agricoles juifs, Bessarabie », Bessarabie, Roumanie

"Winnower imported by ORT and used by Jewish agricultural workers, Bessarabia", Bessarabia, Romania

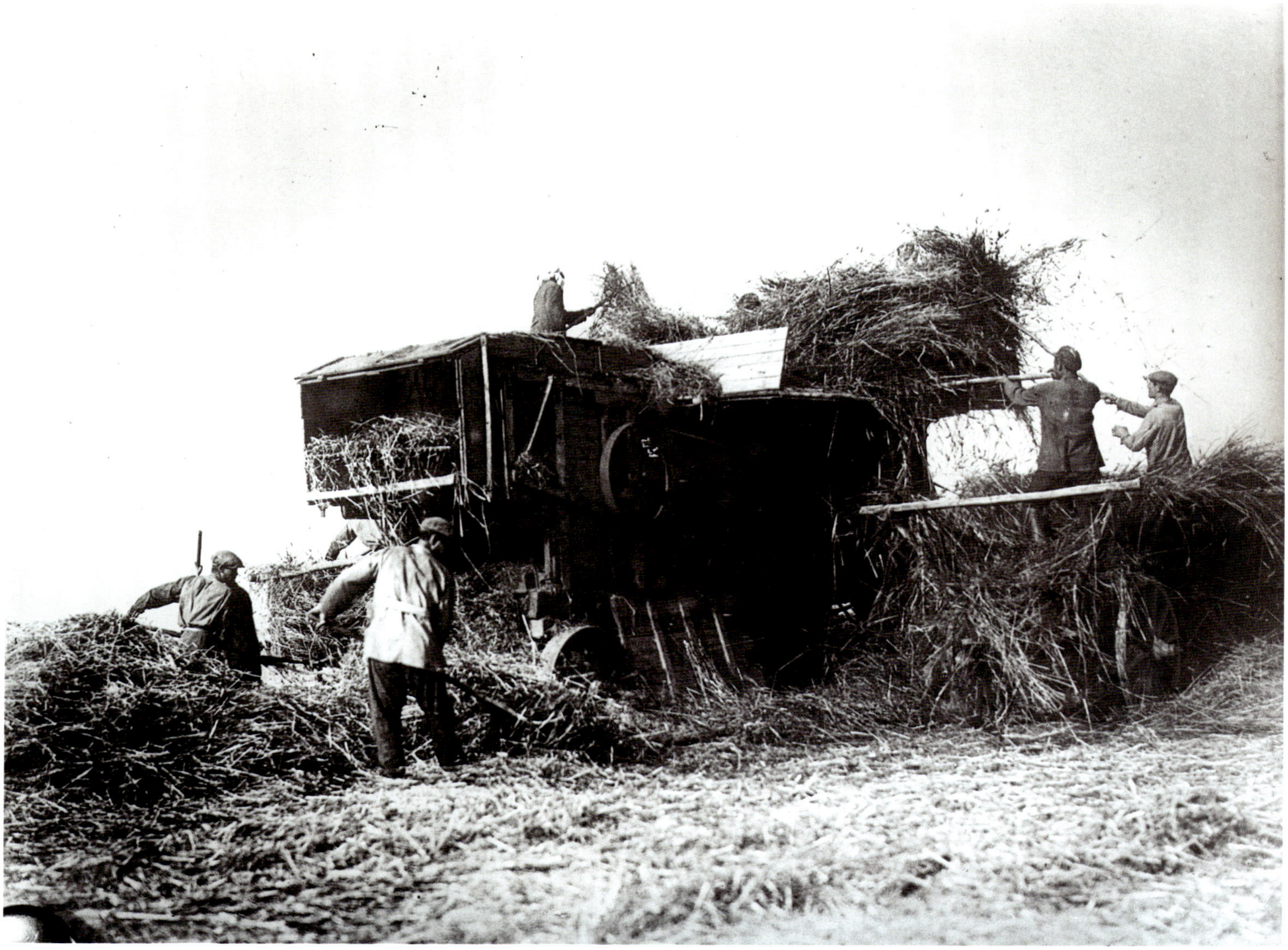

43

Fenaison accomplie à l'aide d'une moissonneuse-batteuse

Haying carried out using a combine harvester

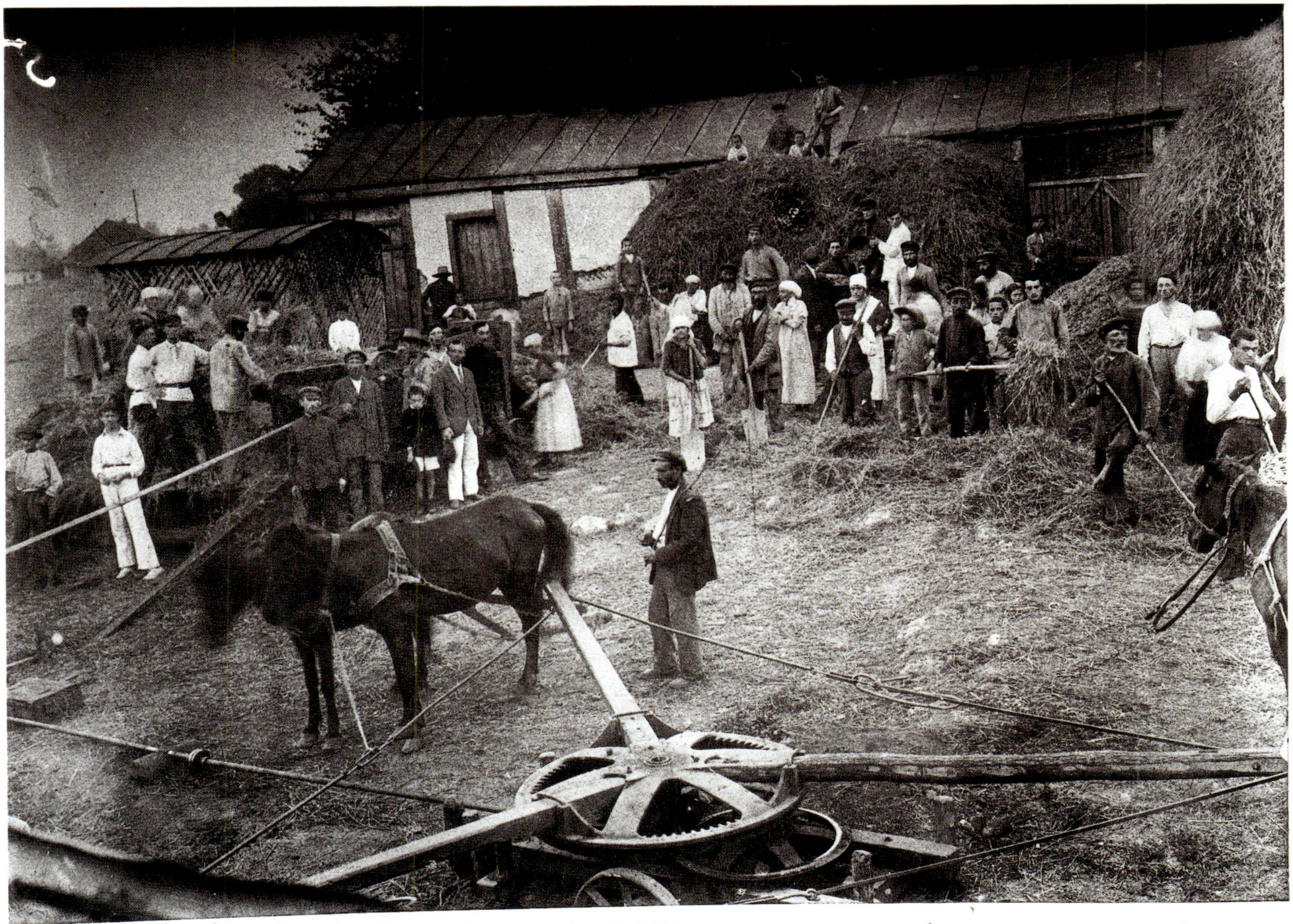

פארבאנד פון קאָלעקטיווען אין פעטשטשאנקאָ (אוקראינע, פאָד. גוב.)
יידישע ערד-אַרבעטער בא דער אַרבעט.

44

« Ouvriers agricoles juifs au travail dans une ferme collective à Pishchanka, Ukraine, Podolie », Ukraine, URSS

"Jewish agricultural workers at work on a collective farm at Pishchanka, Ukraine, Podolia", Ukraine, USSR

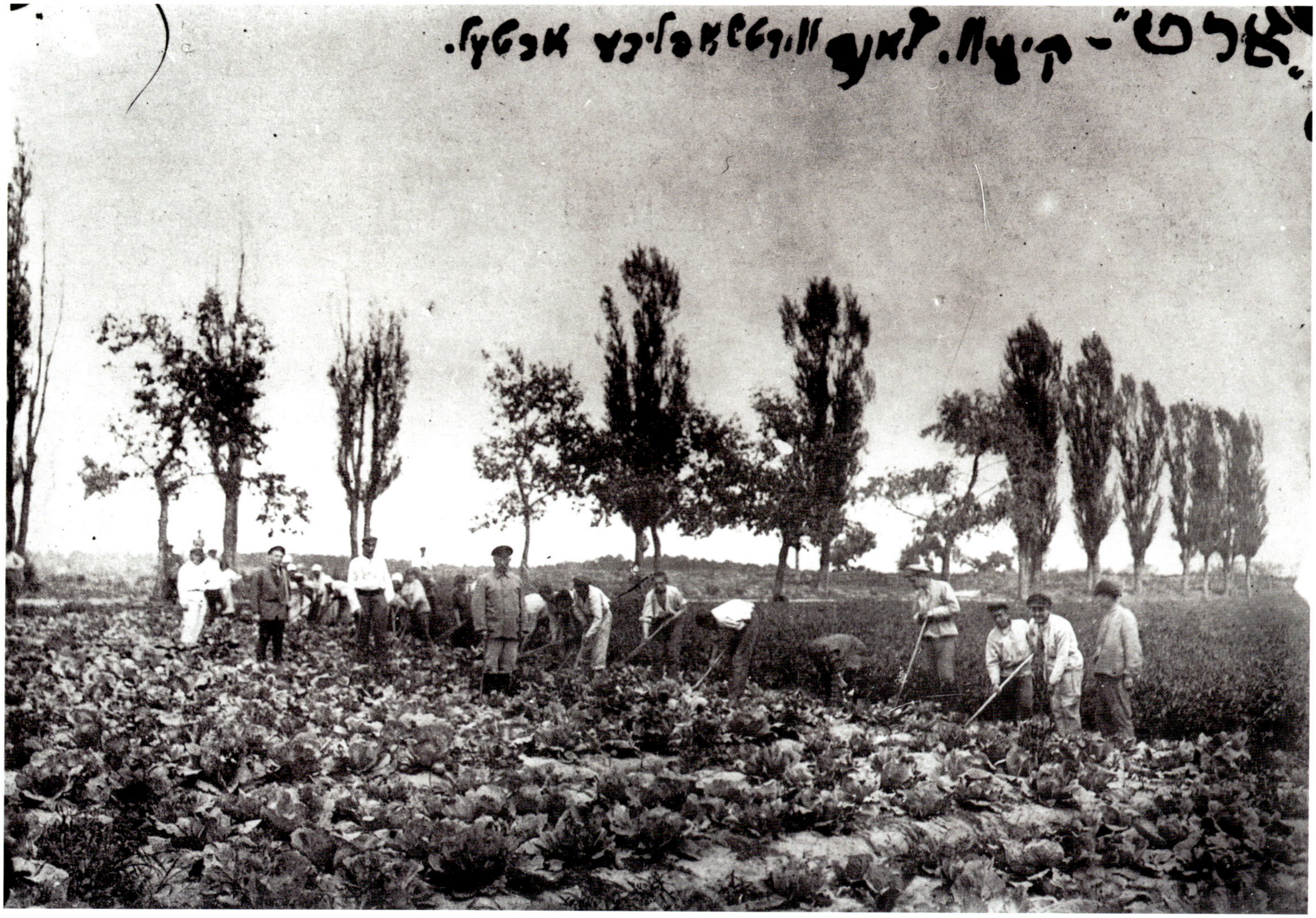

45

« ORT Kiev. Travail agricole », récolte des choux (?), Tokmak, section agricole de Kiev, Ukraine, URSS

“ORT Kiev. Agricultural work”, harvesting cabbages (?), Tokmak, Kiev agricultural section, Ukraine, USSR

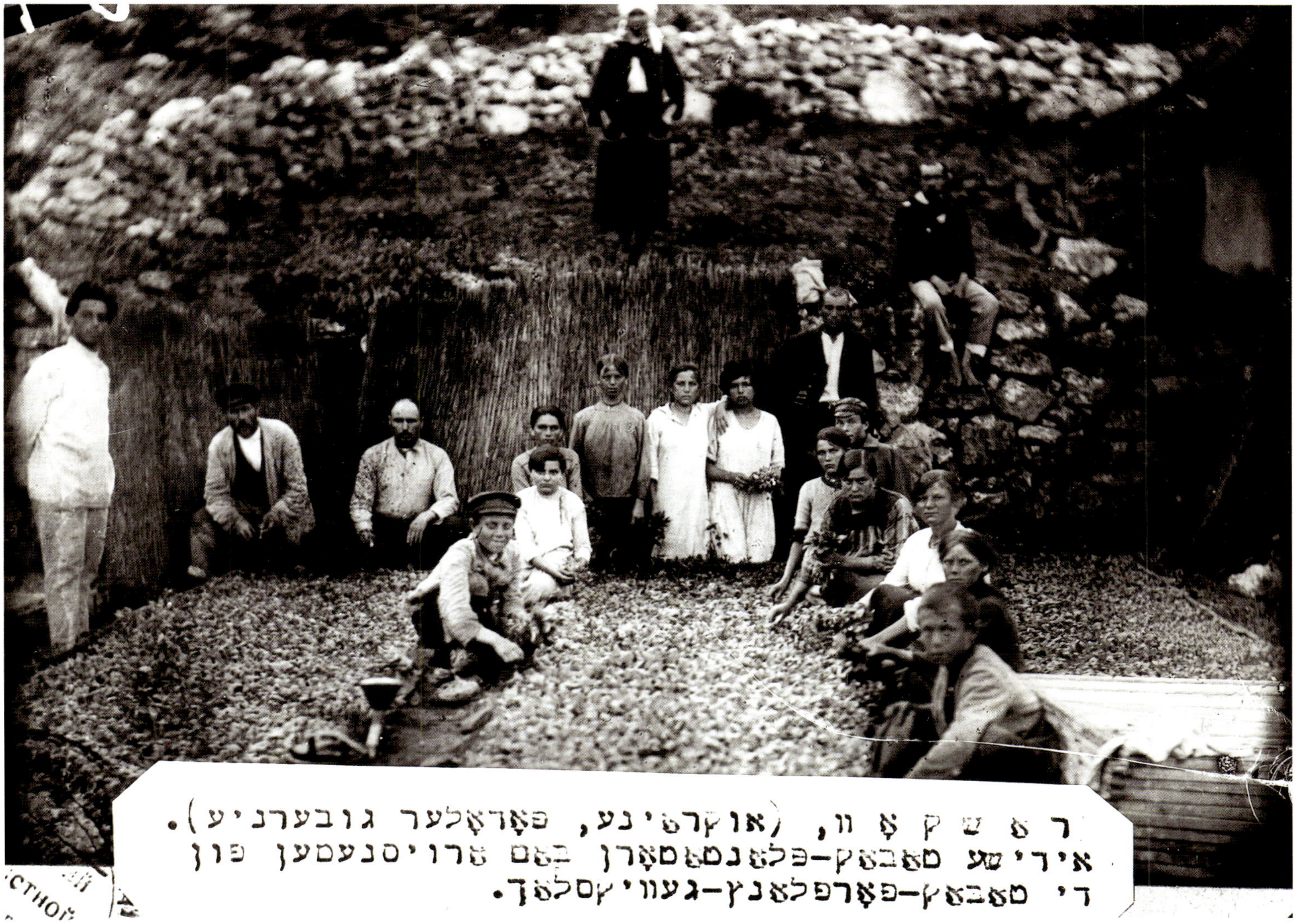

46

« Raskov, Ukraine, province de Podolie. Planteurs de tabac juifs avant le repiquage des pousses », collectivité agricole Jakor, Raskov, Ukraine, URSS, 1923

"Raskov, Ukraine, province of Podolia. Jewish tobacco planters before transplanting shoots, Jakor agricultural collective, Raskov, Ukraine, USSR, 1923

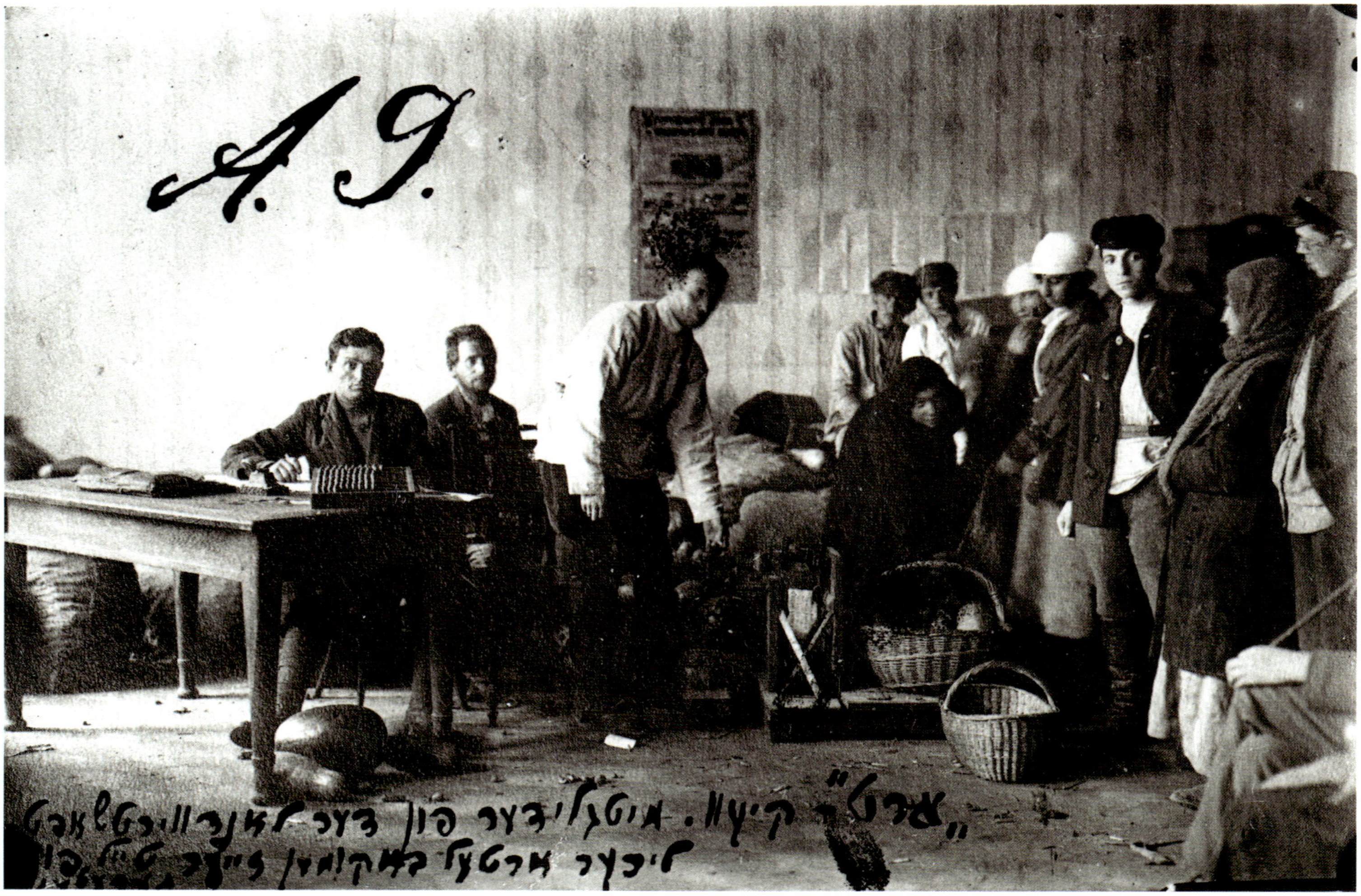

47

« ORT Kiev : des membres de la communauté agricole de Tikhy perçoivent leur salaire », Tokmak, région de Kiev, Ukraine, URSS

"ORT Kiev: members of the Tikhy agricultural community receiving their salary", Tokmak, Kiev region, Ukraine, USSR

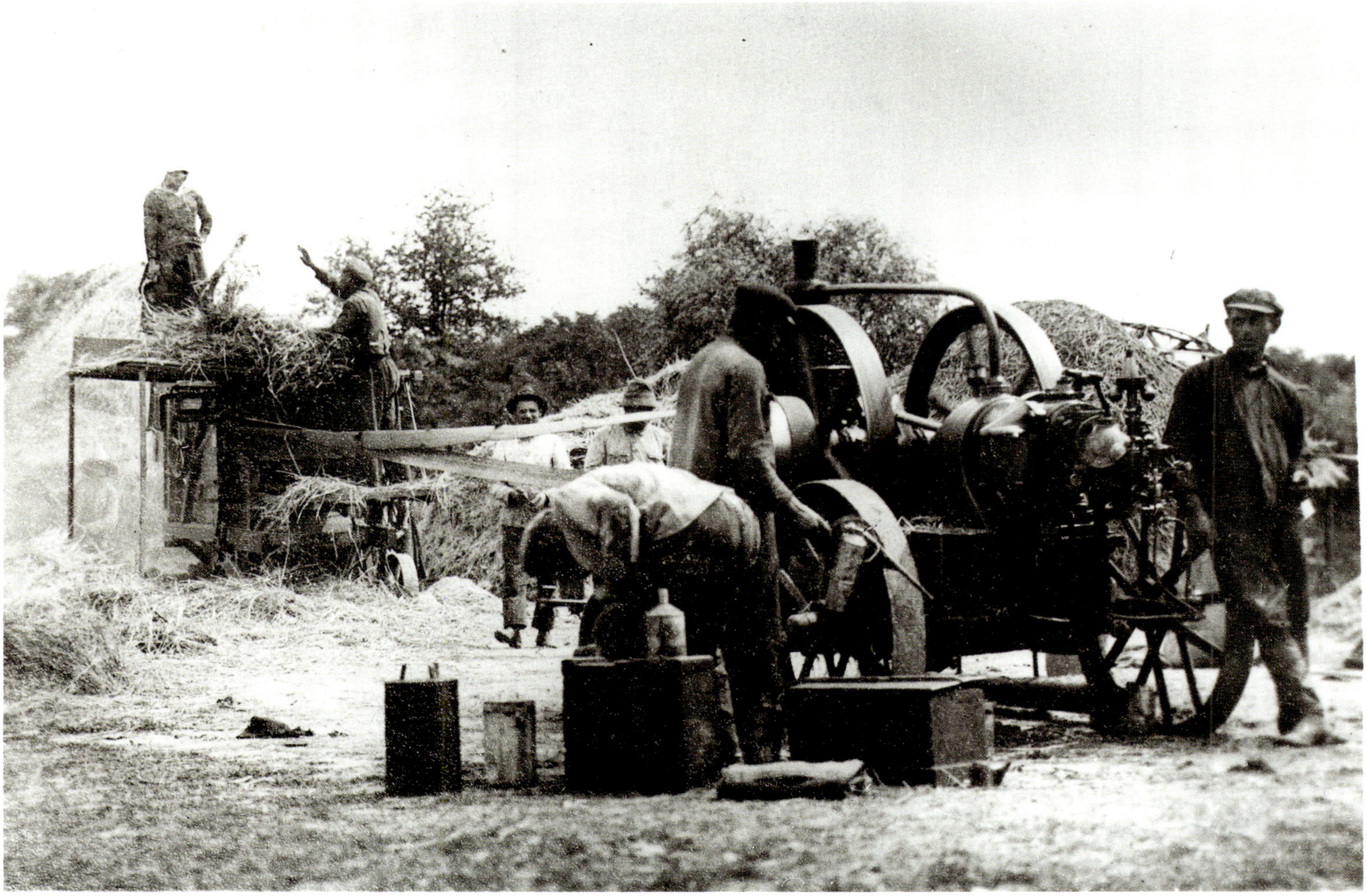

48

Moissonneuse-batteuse

Combine harvester

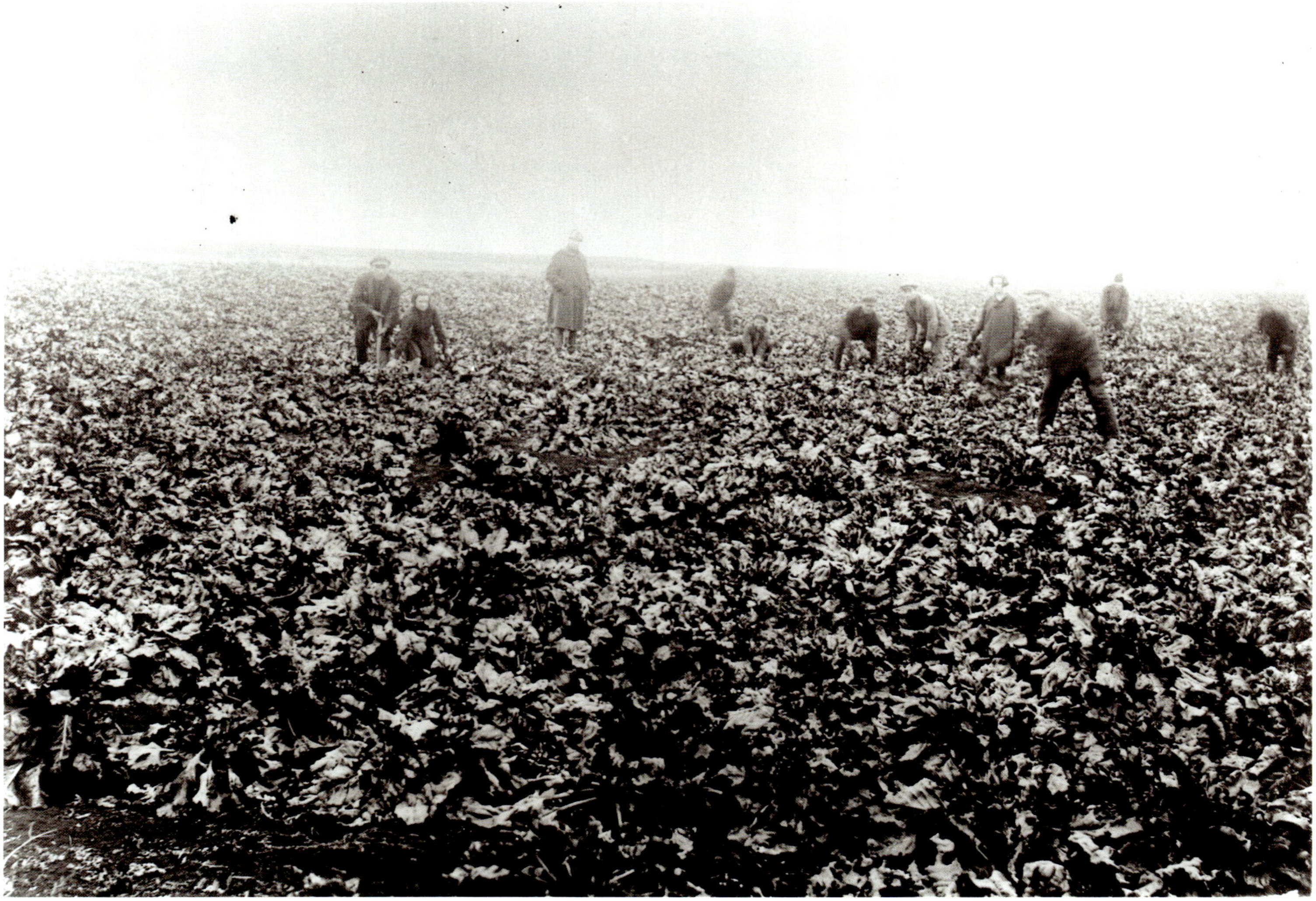

49

Introduction par l'ORT de la culture des betteraves, colonie Karl Marx, canton de Pervomaysk, Ukraine, URSS, automne 1928

Introduction by ORT of beetroot crop, Karl Marx colony, canton of Pervomaysk, Ukraine, USSR, autumn 1928

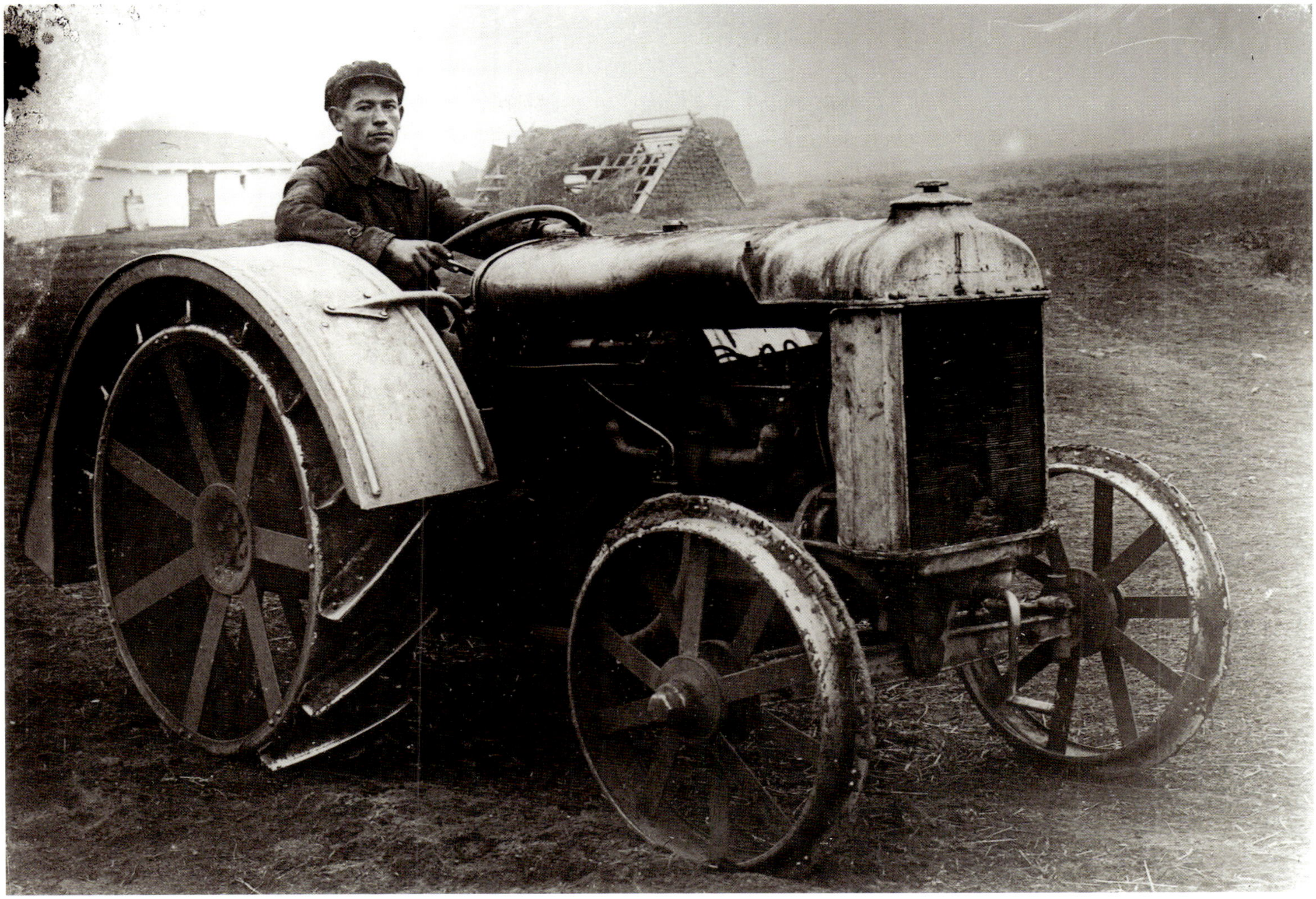

50

« Sur le tracteur », colonie Friling (printemps en yiddish), région d'Odessa, Ukraine, URSS, automne 1928

"On the tractor", colony of Friling (spring in Yiddish), Odessa region, Ukraine, USSR, autumn 1928

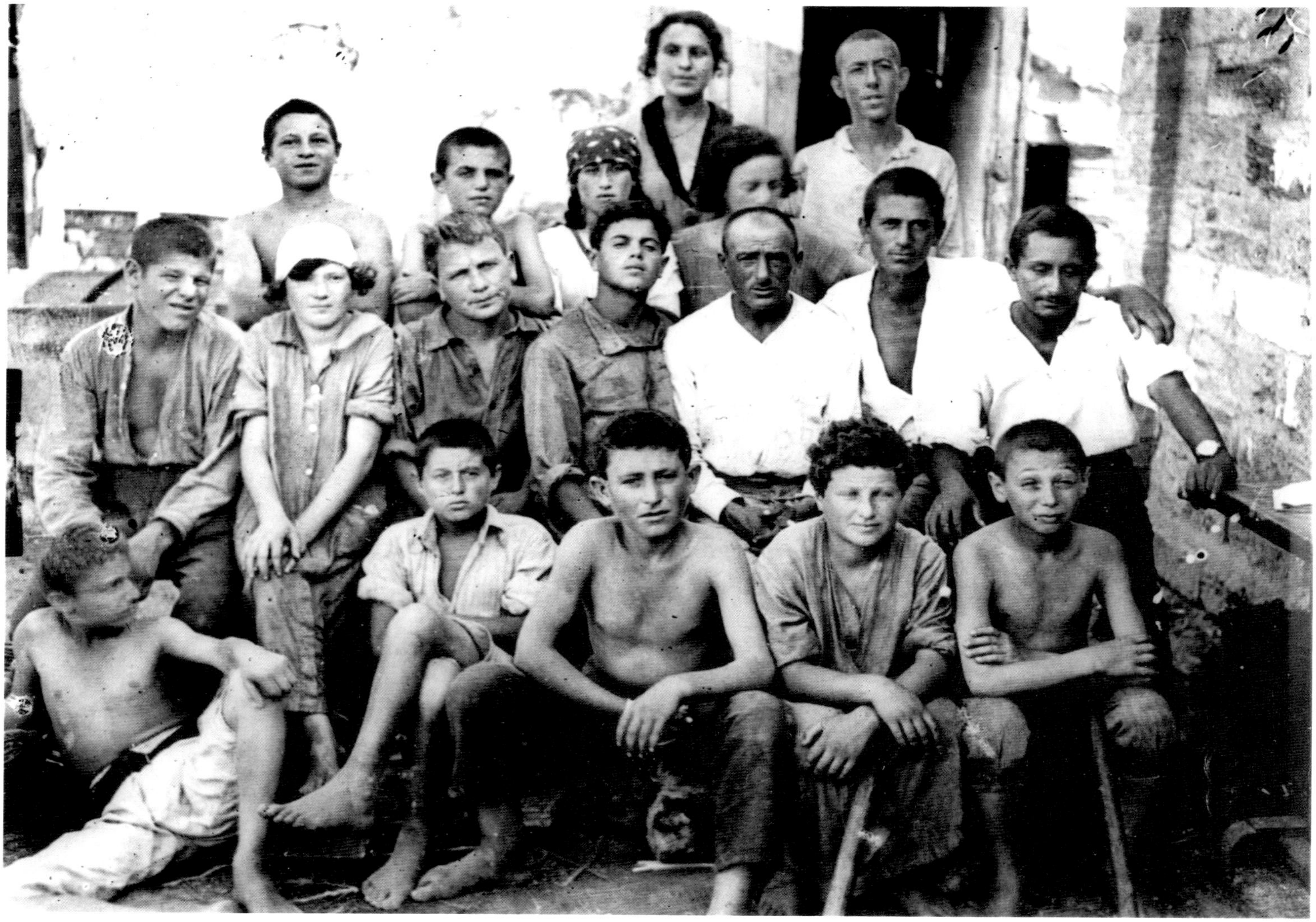

51

Groupe de jeunes travaillant au potager expérimental de la jeunesse juive ouvrière (ancien club de la jeunesse de l'ORT), Odessa, Ukraine, URSS

Group of youngsters working on the Jewish working youth experimental allotment (formerly ORT youth club), Odessa, Ukraine, USSR

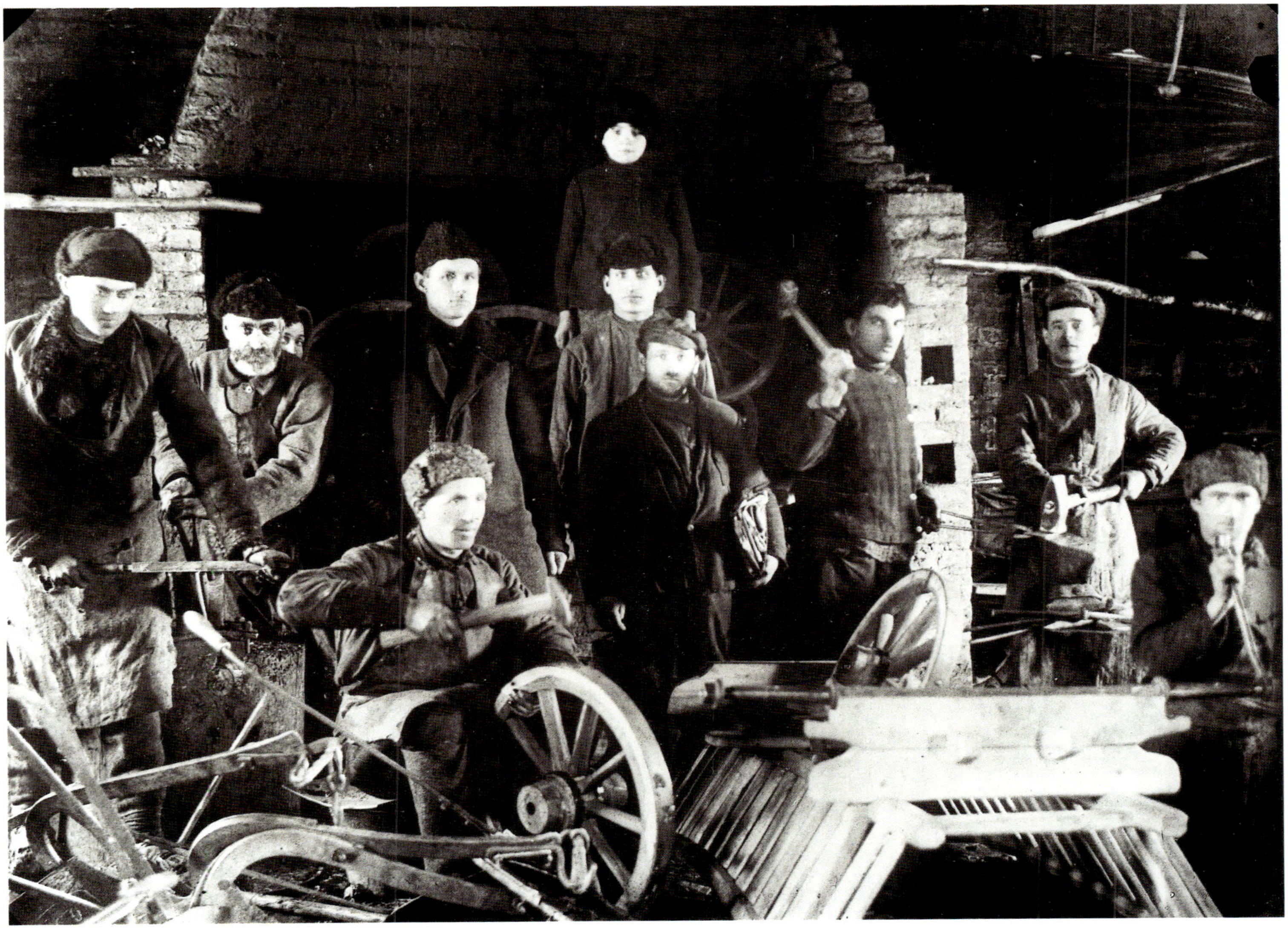

52

Forgerons charrons, localité « Le Forgeron rouge », Berezin, région de Minsk, Biélorussie, URSS

Blacksmiths and cartwrights, locality of "The Red Blacksmith", Berezin, region of Minsk, Belarus, USSR

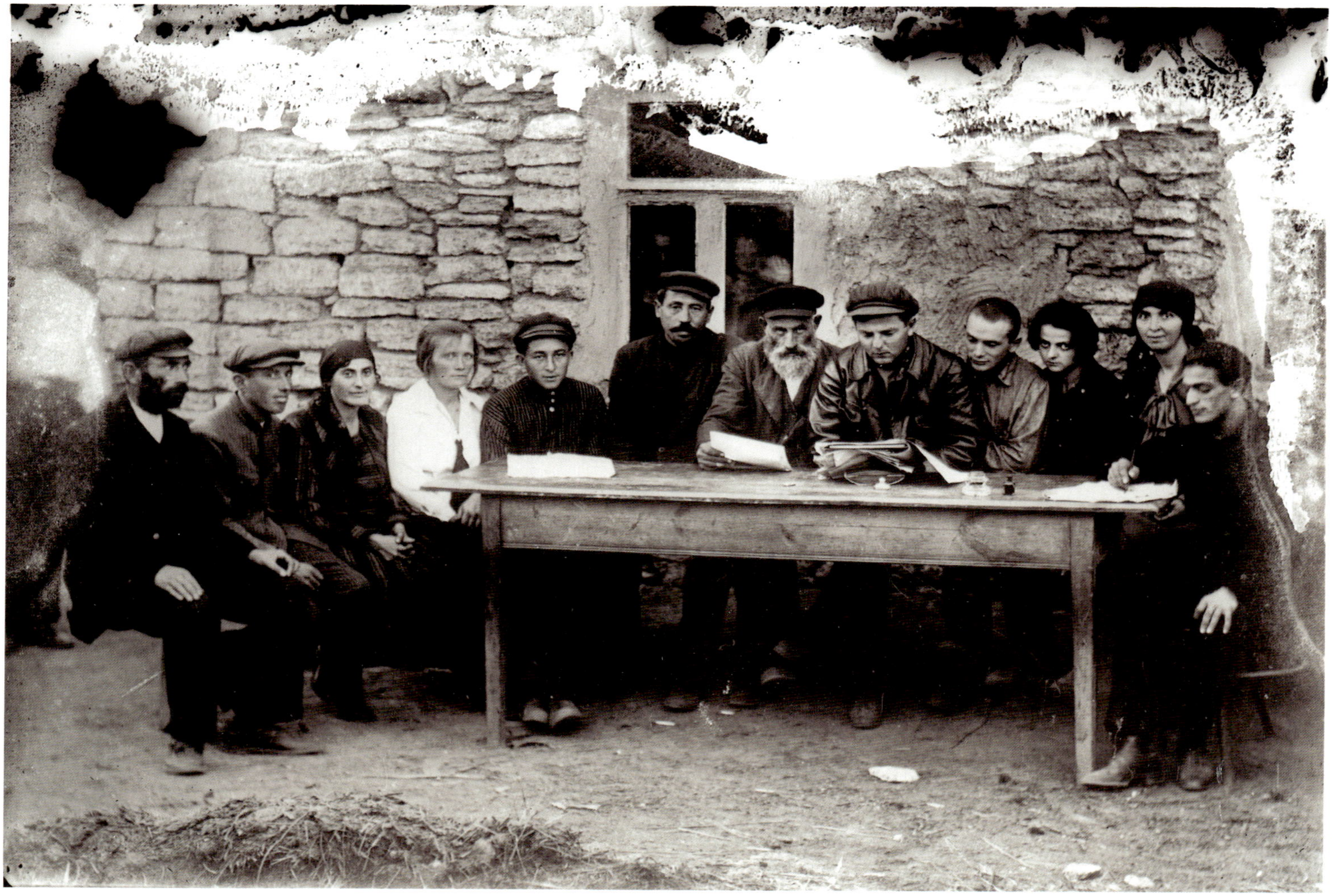

53

Une réunion du conseil de village, colonie Friling (printemps en yiddish), région d'Odessa, Ukraine, URSS

Village council meeting, colony of Friling (spring in Yiddish), Odessa region, Ukraine, USSR

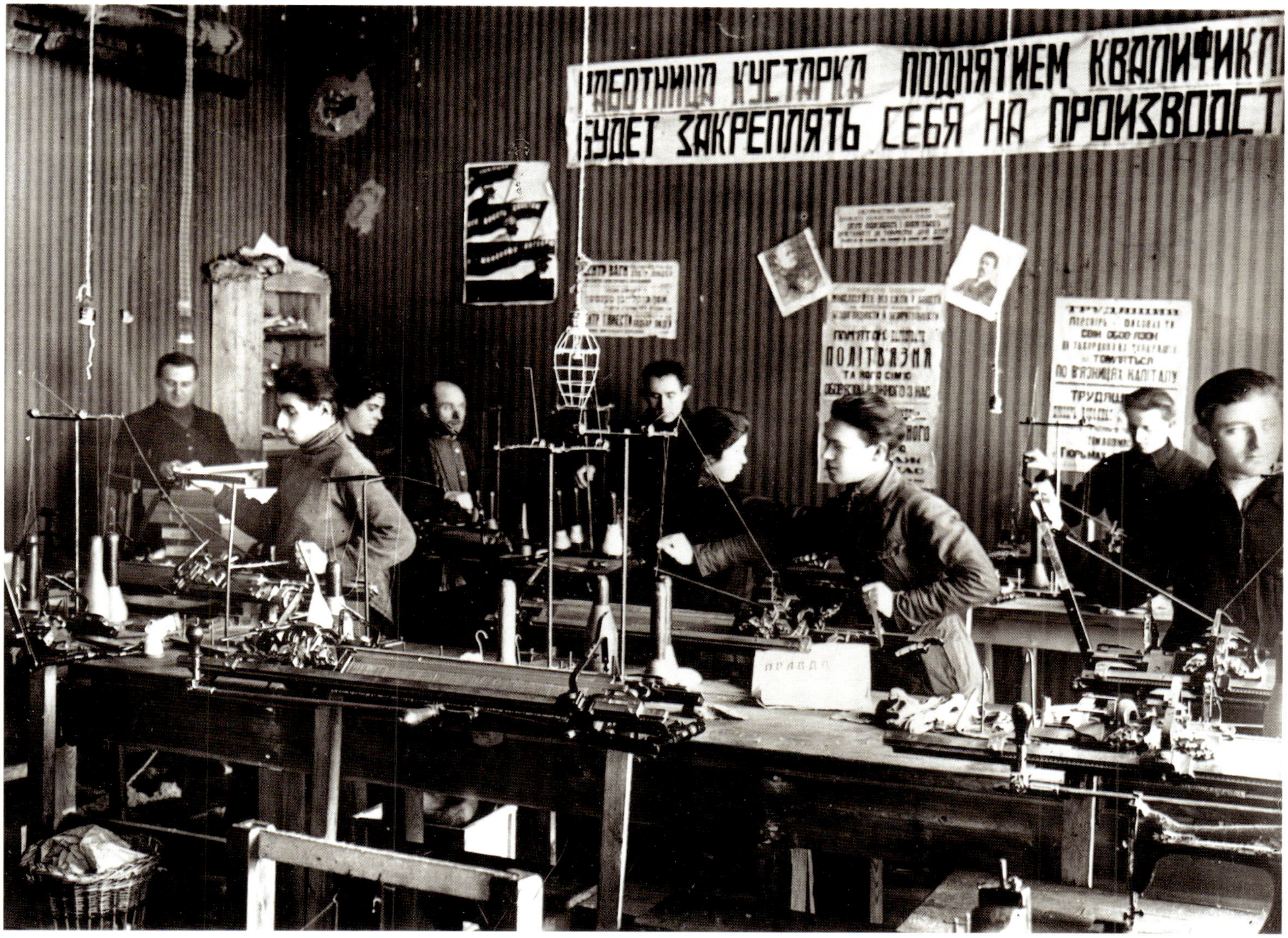

54

Atelier de tricotage de bas Promtextil, Tchernigov, région de Kiev, Ukraine, URSS

Promtextil stocking knitting workshop, Chernigov, region of Kiev, Ukraine, USSR

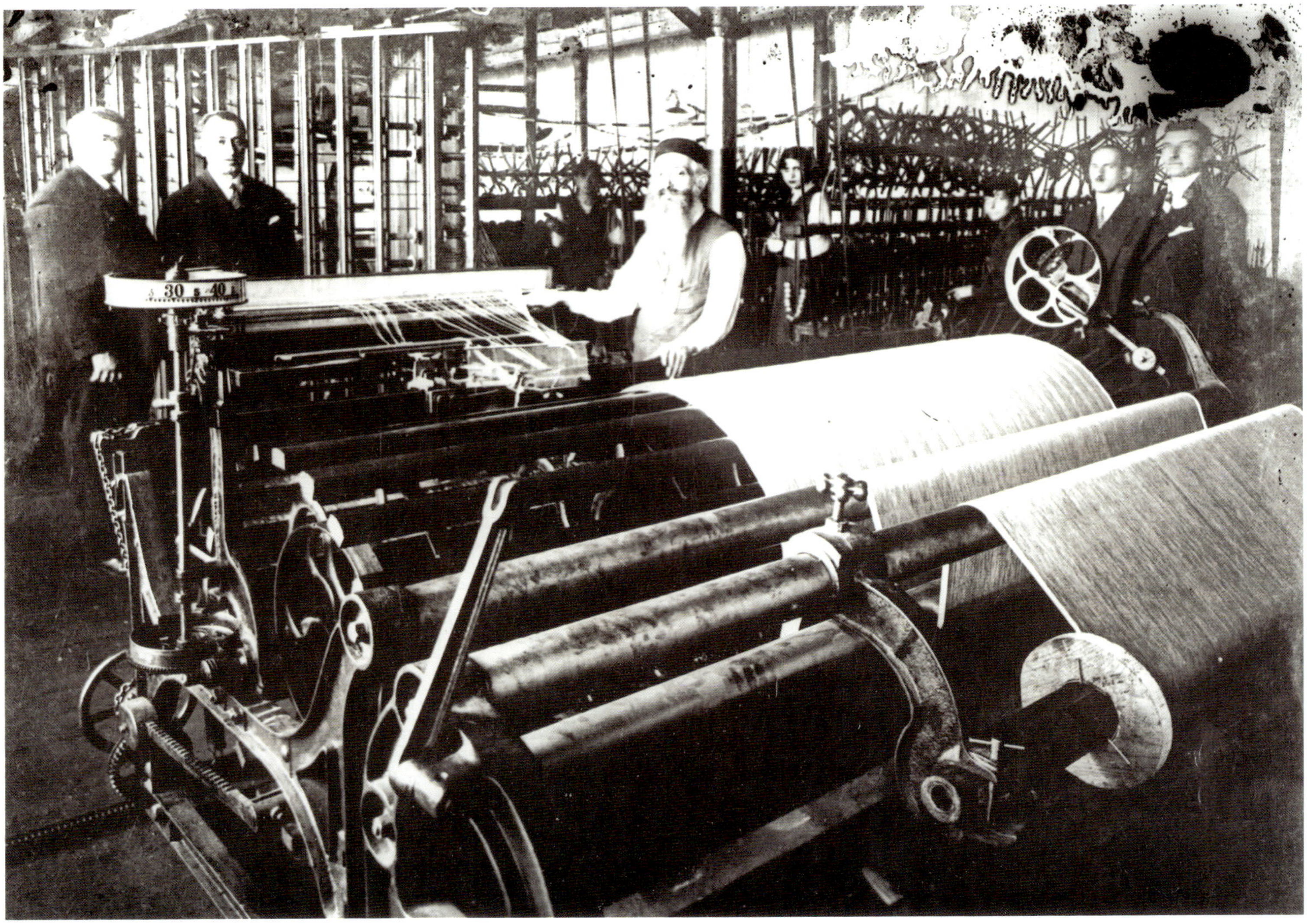

55

Manufacture coopérative de filature industrielle Progress (tampon du photographe à Lodz, Pologne)

Progress cooperative industrial thread factory (photographer's stamp, Lodz, Poland)

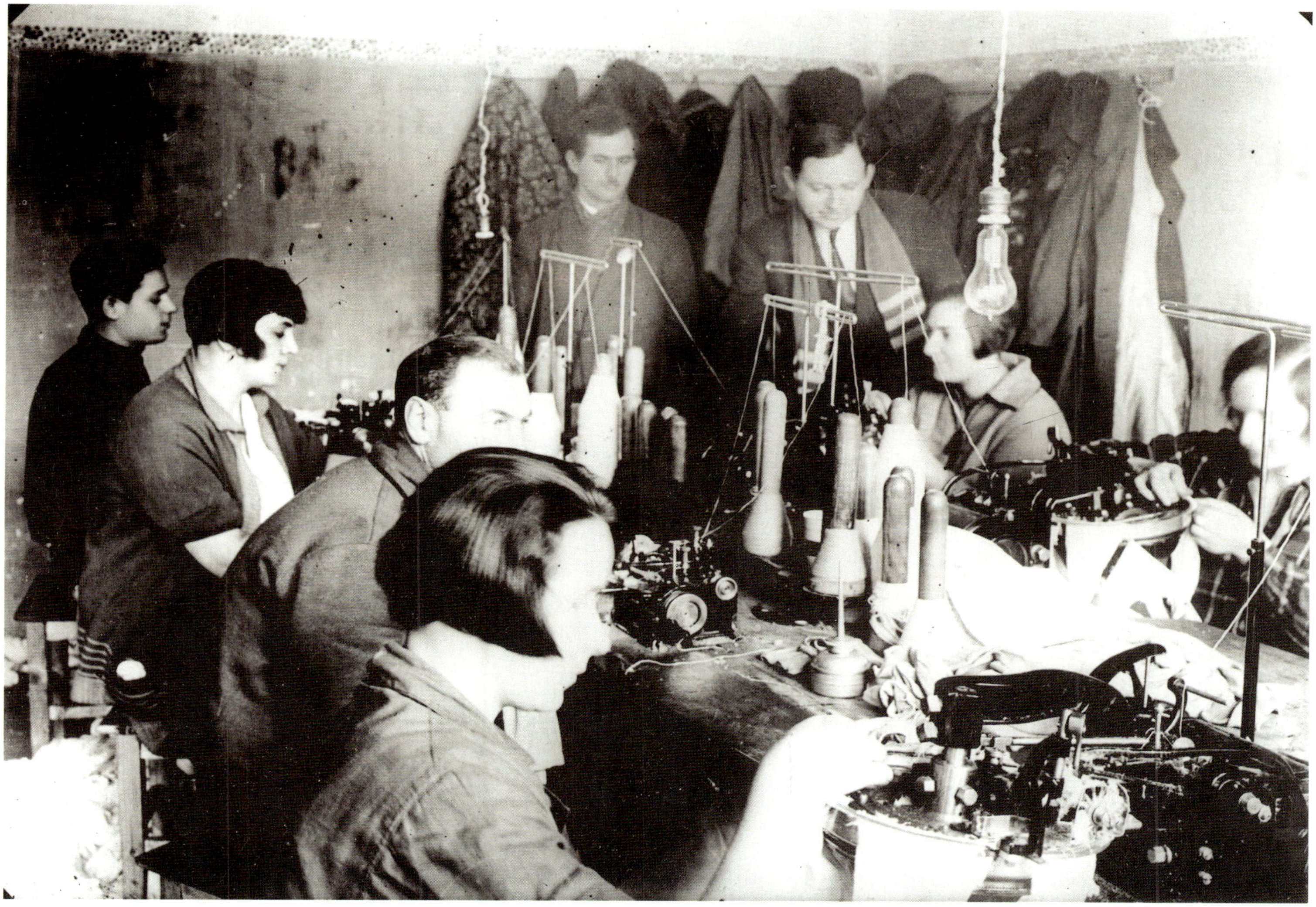

56

Tricoteuses de bas, coopérative textile Arttextil équipée de machines importées par l'Union ORT, Odessa, Ukraine, URSS, 1929

Stocking knitters, Arttextil textile cooperative, equipped with machines imported by ORT Union, Odessa, Ukraine, USSR, 1929

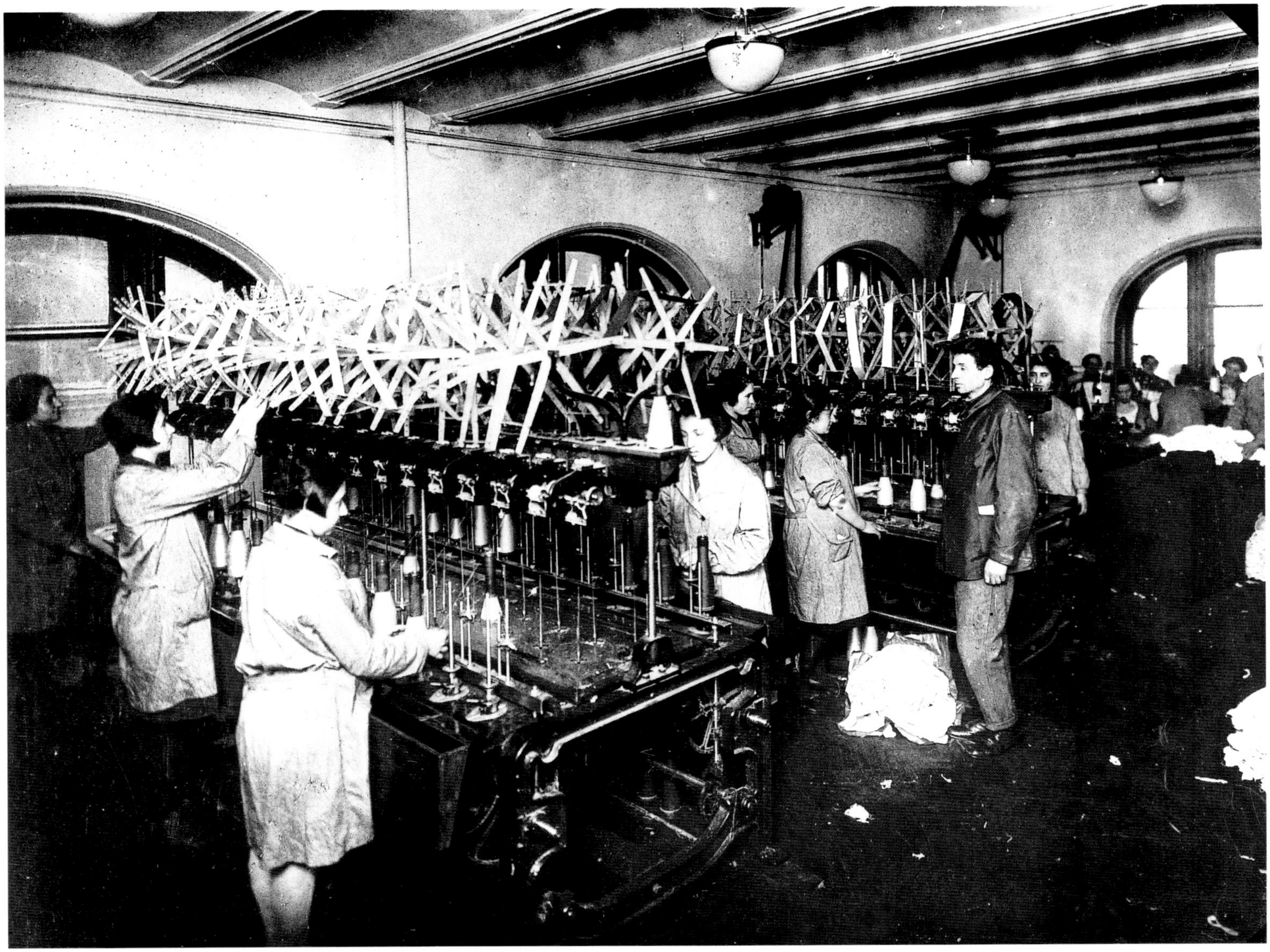

57

Atelier de confection de bas

Stocking workshop

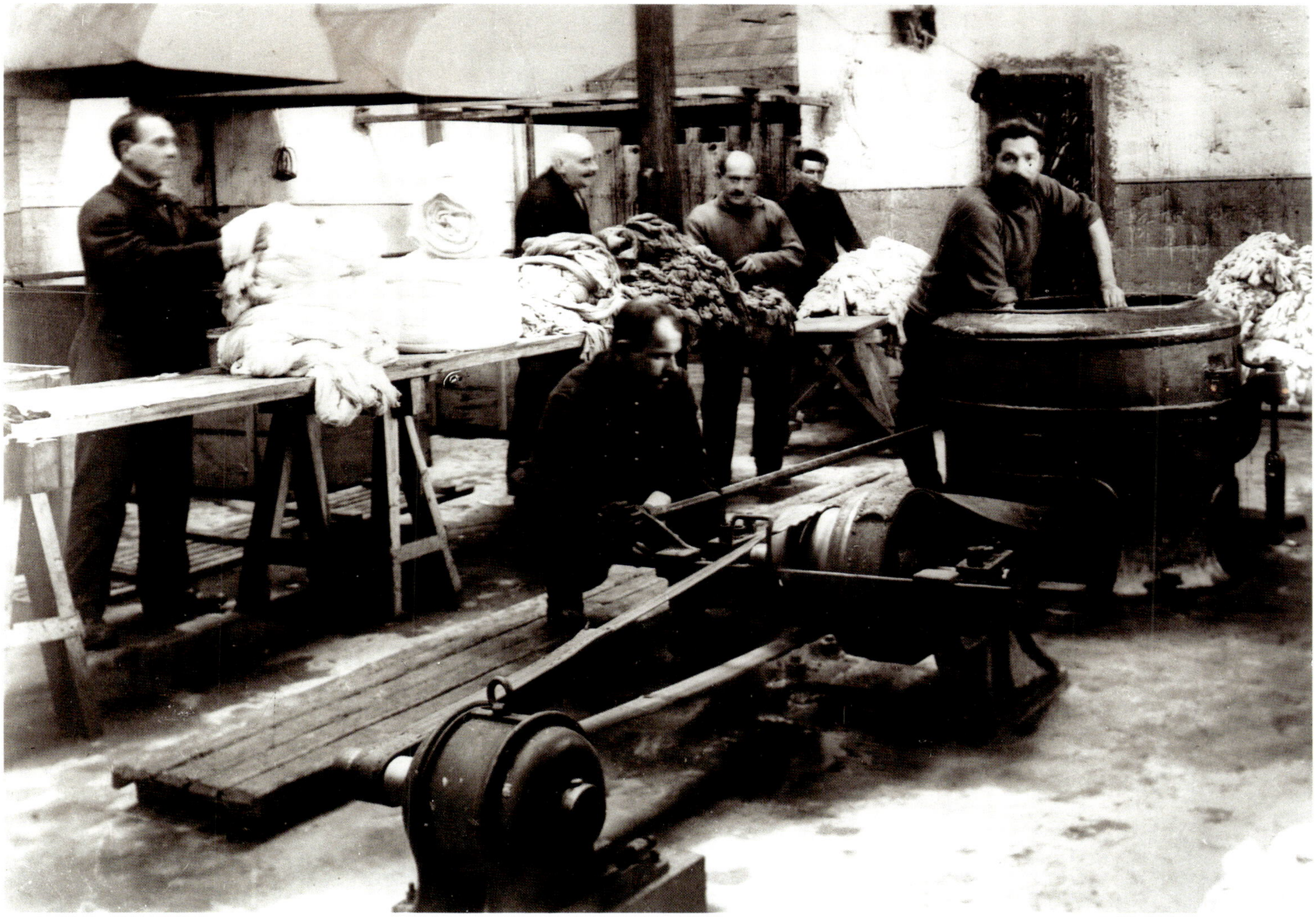

58

Atelier de teinture, coopérative Arttextil, Odessa, Ukraine, URSS, janvier 1929

Dyeing workshop, Arttextil cooperative, Odessa, Ukraine, USSR, January 1929

38. גרופּע ערדאַרבעטער, איזבעשטי, אָרגעיעווער קרײַז, בעסאַראַביע, רומעניע.

39. פֿעלדאַרבעטער בײַ שטאַנגען צום אויסטריקענען טאַבעק-בלעטער, קאָלאָניע "מאָשקאַדערס", בעסאַראַביע, רומעניע.

40. װײַזונג פֿון װײַנשטאָקן-שנײַדן דורך אַן אַגראָנאָם פֿון אָ.ר.ט, בעסאַראַביע, רומעניע.

41. דרעש-מאַשין "מיט אַ מאָטאָר" פֿון אָ.ר.ט אויפֿן װעג פֿון קישינעװ קיין רעזינאַ, בעסאַראַביע, רומעניע.

42. מאַשין צום אויסװײען פֿון אָ.ר.ט, באַניצט פֿון יידישע ערדאַרבעטער, בעסאַראַביע, רומעניע.

43. היישניט אויסגעפֿירט מיט אַ דרעש-מאַשין.

44. יידישע ערדאַבעטער אין אַ קאָלעקטיװן פֿאָלװאַרעק אין פעשאַנקאַ, פּאָדאָליע, אוקראַינע, פֿסס"ר.

45. אָ.ר.ט, קיעװ : מע קלײַבט קרויט)?(, טאָקמאַק, ערדאַרבעט-סעקציע פֿון קיעװ, אוקראַינע, פֿסס"ר.

46. יידישע טאַבעק-פלאַנטאַטאָרן בײַם אַרויסנעמען די פֿאַרפֿלאַנץ-געװיקסלעך, קאָלעקטיװ "יאַקאָר", ראָשראָװ, פּאָדאָליער גובערניע,
אוקראַינע, פֿסס"ר : 1923.

47. אָ.ר.ט, קיעװ : מיטגלידער פֿון דעם לאַנדװירטשאַפֿטלעכן ערטל "טיכי" באַקומען זייער געהאַלט, טאָקמאַק, אוקראַינע, פֿסס"ר.

48. דרעשמאַשין.

49. אײַנפֿירונג דורך דער אָ.ר.ט פֿון בורקעס-ציונג, קאָלאָניע "קאַרל מאַרקס", פערװאָמײַסקער ראַיאָן, אוקראַינע, פֿסס"ר : האַרבסט 1928.

50. "אויפֿן טראַקטאָר", קאָלאָניע "פֿרילינג", אָדעסער געגנט, אוקראַינע, פֿסס"ר :האַרבסט 1928.

51. גרופּע יוגנטלעכע בײַם עקספּערימענט-גאָרטן פֿון גער יידישער אַרבעטער-יוגנט (געװעזענער יוגנט-קלוב פֿון אָ.ר.ט), אָדעס,
אוקראַינע, פֿסס"ר.

52. שמידערס-סטעלמאַכערס, ערטל "דער רויטער שמידער", בערעזין, מינסקער געגנט, װסרוסלאַנד, פֿסס"ר.

53. אַ זיצונג פֿונעם דאָרפֿסראַט, קאָלאָניע "פֿרילינג", אָדעסער געגנט, אוקראַינע, פֿסס"ר.

54. װאַרשטאַט פֿון זאָקן-שטריקערײַ "פּראָמטעקסטיל", טשערניגאָװ, קיעװער געגנט, אוקראַינע, פֿסס"ר.

55. קאָאָפּעראַטיװע מאַנופֿאַקטור פֿון שטאָפֿן "פּראָגרעס")שטעמפּל פֿון אַ לאָדזשער פֿאָטאָגראַף(.

56. זאָקן-שטריקערינס, קאָאָפּעראַטיװע פֿאַבריק "אַרטטעקסטיל", באַװאָרנט מיט מאַשינקעס אימפּאָרטירט דורך דער אָ.ר.ט, אָדעס,
אוקראַינע, פֿסס"ר : 1929.

57. זאָקן-שטריקערײַ װאַרשטאַט.

58. באַפֿאַרבונג-װאַרשטאַט, קאָאָפּעראַטיװ "אַרטטעקסטיל", אָדעס, אוקראַינע, פֿסס"ר : יאַנואַר 1929.

1. צייכענונג-קלאַס, טעכנישע פֿאַכשול "מעצעל", אוקראַינע, פֿסס"ר.
2. ערדאַרבעטערס
3. אַ שבת בײַטאָג בײַ אַ קאָלאָניסטן-פֿאַמיליע. ייִדישע קאָלאָניע אין מאַנזיר, בעסאַראַביע, רומעניע.
4. שוסטערײַ-וואַרשטאַט בײַם אַרבעטער-קאָאָפּעראַטיוו פֿאַר היימלאָזע, ראָוונע, וואָלין, פּוילן.
5. די גרינבערג'ס ווײַנגאָרטן : דאָס אַראָפּנעמען די ווײַנטרויבן, יאַרוגאַ, פּאָדאָליער גובערניע, אוקראַינע, פֿסס"ר.
6. ייִדישער ערדאַרבעטער בײַ קיידאַן, ליטע.
7. פֿאָלוואַרעק פֿונעם ייִדישן ערדאַרבעטער יוסף ליסקער,פּערעזעסינאַ, בעסאַראַביע, רומעניע.
8. טראַנספּאָרט פֿון גרינעם קרויט, אַרבעטער-קאָלעקטיוו "שלום-עליכם", אָדעסער געגנט, אוקראַינע, פֿסס"ר : האַרבסט 1930.
9. הויפּטגאַס פֿון דער קאָלאָניע, זשעזאָריאַני, אָסטפּרײַסן.
10. מזפּחה פֿון ערדאַרבעטער, קאָלאָניע "פֿרילינג", אָדעסער געגנט, אוקראַינע, פֿסס"ר.
11. פּאָרפֿאָלק פֿון ערדאַרבעטער פֿאַר זײַן היים, קאָלאָניע "כלעבאָדאַראָווקאַ", סטאַראָבין, ווײַסרוסלאַנד, פֿסס"ר.
12. ערדאַרבעטער-משפּחה אויפֿן שוועל פֿון זייער היים, קאָלאָניע "כלעבאָדאַראָווקאַ", סטאַראָבין, ווײַסרוסלאַנד, פֿסס"ר.
13. ייִדישע פֿי-ציכטער אין דער בערג-געגנט פֿון קאַרפּאַטאָ-רוסלאַנד, אוקראַינע, פֿסס"ר.
14. ייִדישע פּויערים אין דער בערג-געגנט פֿון קאַרפּאַטאָ-רוסלאַנד, אוקראַינע, פֿסס"ר.
15. קינדערהיים בײַ דער קאָלאָניע "גראַפֿסקאַיאַ", מאַריופּאָלער קרײַז, יעקאַטערינאָסלאַווער גובערניע, סס"ר אוקראַינע : מאַי 1922.
16. יתומים פֿון דער קאָלאָניע "נאָוואָ-זלאַטאָפּאָל", גוליאַי-פּאָלער קרײַז, יעקאַטערינאָסלאַווער גובערניע, סס"ר אוקראַינע : מאַי 1922.
17. מיטאָג-עסן אין יתומים-הויז פֿון דער קאָלאָניע "זעלענאָפּאָל", מאַריופּאָלער קרײַז, יעקאַטערינאָסלאַווער גובערניע, סס"ר אוקראַינע : מאַי 1922.
18. ניט-דערשפּײַזטע קינדער, קאָלאָניע ו"זעלענאָפּאָל", מאַריופּאָלער קרײַז, יעקאַטערינאָסלאַווער גובערניע, סס"ר אוקראַינע : מאַי 1922.
19. גרופּע קינדער מיט זייערע לערער און מיטגלידער פֿון דער פֿאַרוואַלטונג אין סאַרניער אינטערנאַט,"פּאָרסאָנאַם"-שול, סאַרני, וואָלין, פּוילן.
20. לערן-וואַרשטאַט פֿאַר סטאָלערײַ (טישן). גיכערע שולונג פֿאַר יתומים און היימלאָזע, ראָוונע, וואָלין, פּוילן.
21. "אינעם וואַרשטאַט" : יאַנואַר 1922. שוסטערײַ-וואַרשטאַט פֿאַר היימלאָזע אין אַ קאָאָפּעראַטיוו געגרינדעט דורך דער אָ.ר.ט אין אַפּריל 1921, ראָוונע, וואָלין, פּוילן.
22. סטאָלערײַ-וואַרשטאַט בײַ דער אָ.ר.ט-שול, פּיאָטרעקאָוו-טריבונאַלסקי, פּוילן.
23. האַנטווערקער-שול אין פּינסק, טישלערײַ : 1922, ווײַסרוסלאַנד, פּוילן.
24. שולונג-וואַרשטאַט בײַ דער אָ.ר.ט, צייכענונג-זאַל, מאַי 1923 : ווילנע, ליטע.
25. וואַרשטאַט פֿון פּרעציזקייט-מעטאַלורגיע, "טעכניקום", ווילנע, ליטע.
26. שנײַדערײַ-וואַרשטאַט פֿון דער אָ.ר.ט בײַ דער ייִדישער פֿאָלקשול אין שאַוול, ליטע : 1924.
27. שמידערײַ בײַ דער אָ.ר.ט-שול פֿאַר האַנטאַרבעט, ליבאַו, לעטלאַנד.
28. שליסערײַ-וואַרשטאַט בײַ דער פֿאַכשול "טרוד")= אַרבעט(, קישינעוו, בעסאַראַביע, רומיניע.
29. שלעסערײַ לערן-וואַרשטאַט, אָדעס, אוקראַינע, פֿסס"ר.
30. שוסטערײַ-וואַרשטאַט בײַ אַ ייִדישער שול אין קיעוו, פֿסס"ר.
31. שוסטערײַ-וואַרשטאַט, אָדעס, אוקראַינע, פֿסס"ר.
32. שנײַדערײַ-וואַרשטאַט בײַ דער פֿאַכשול "קוסטאַרי")= האַנטווערקער(, אָדעס, אוקראַינע, פֿסס"ר.
33. קלאַס פֿון שנײַדערײַ, אָדעס, אוקראַינע, פֿסס"ר.
34. אָוונטקורס פֿון טעכנישער צייכענונג פֿאַר דערוואַקסענע, שול "קוסטאַרי" (= האַנטווערקער), אָדעס, אוקראַינע, פֿסס"ר.
35. אָ.ר.ט : קורס פֿון 2טן יאָר בײַ דער טעכנישער פֿאַכשול אין אָדעס, אוקראַינע, פֿסס"ר.
36. אַ ייִדישער פּויער מיט זײַן משפּחה נעמט אַרויס סיעמעטשקעס. ייִדישע קאָלאָניע געשטיצט דורך דער אָ.ר.ט, בעסאַראַביע, רומעניע.
37. פּויערים בײַם קלײַבן קאַרטאָפֿל, פּערעזעסינאַ, בעסאַראַביע, רומעניע.

Remerciements

Ce livre n'aurait pu voir le jour sans le soutien financier de la Fondation pour la Mémoire de la Shoah et de la Fondation du judaïsme français.
Dès ses prémices, ce projet a reçu les précieux encouragements de Serge Klarsfeld et de Nelly Hansson.
Le soutien et les conseils scientifiques du professeur Anne Grynberg ont été déterminants.
Qu'ils soient ici remerciés.

Nous adressons des remerciements tout particuliers aux responsables des institutions suivantes :

Alliance Israélite Universelle (AIU) : Jean-Claude Kuperminc, Ariel Danan et Rose Levyne
Archives nationales : Isabelle Neuschwander et Caroline Piketty
Fondation pour la Mémoire de la Shoah : Anne-Marie Revcolevschi et Jean-Luc Landier
Musée d'art et d'histoire du Judaïsme : Laurence Sigal, Isabelle Pleskoff et l'équipe du musée
Œuvre de secours à l'enfance (OSE) : Michèle Allali, Nathalie Moock, Dominique Rotermund et Hana Levy
World ORT : Robert Singer, Guy Séniak, Niamh Mac Cann et Rachel Bracha

Nous exprimons également notre vive gratitude à toutes les personnes qui, à des titres divers, ont apporté leur concours à la réalisation de cette publication :
Diane Afoumado, Rachel Allal, Sophie Enos-Attali, Sophie et Laurent Beccaria, Caroline Fourgeaud-Laville, Marie-Françoise George, Jean Laloum, Thierry Ledé, Michel Lefebvre, Cécile Marin, Nicole et Sacha Mateescu, Henri Minczeles, Sébastien Nadiras, Catherine Nicault, Ida Papiernik, Sandra Partouche, Jean-Luc et Pollet Pheulpin, Yves Plasseraud, Suzanne Pourchier, Laurent Royon, Irène Savignon, Ariel Sion, Louise Tuil, Bernard Vaisbrot, Georges Weill et Cyril Zarrouk.

La photogravure a été réalisée par Quat'coul, Toulouse
Cet ouvrage a été achevé d'imprimer sur les presses de Servizio Grafico, Druento - Torino (Italie) en janvier 2006